建筑结构即时模型重建原理及方法

薛靖国　著

北　京
冶　金　工　业　出　版　社
2025

内容提要

本书系统探讨了建筑结构即时模型重建的理论、方法及应用，重点介绍了作者在计算机视觉、深度学习、目标检测与建筑信息建模（BIM）技术方面的创新研究与案例。全书共分7章，涵盖施工现场信息自动采集、建筑结构构件识别、三维粗配准算法、图像与BIM叠加修正、结合4D-BIM的重建框架等内容。

本书可供建筑工程领域的科研人员及工程技术人员阅读，也可供大专院校相关专业的师生参考。

图书在版编目（CIP）数据

建筑结构即时模型重建原理及方法／薛靖国著. 北京：冶金工业出版社，2025. 9. -- ISBN 978-7-5240-0173-7

Ⅰ. TU205-39

中国国家版本馆CIP数据核字第2025Z0C338号

建筑结构即时模型重建原理及方法

出版发行	冶金工业出版社	**电　话**	(010)64027926
地　址	北京市东城区嵩祝院北巷39号	**邮　编**	100009
网　址	www. mip1953. com	**电子信箱**	service@ mip1953. com

责任编辑　郭冬艳　美术编辑　吕欣童　版式设计　郑小利

责任校对　石　静　责任印制　范天娇

北京建宏印刷有限公司印刷

2025年9月第1版，2025年9月第1次印刷

787mm×1092mm　1/16；8印张；192千字；119页

定价80.00元

投稿电话　(010)64027932　投稿信箱　tougao@cnmip. com. cn

营销中心电话　(010)64044283

冶金工业出版社天猫旗舰店　yjgycbs. tmall. com

（本书如有印装质量问题，本社营销中心负责退换）

前　言

以人工管理为主的现行工程项目管理方式，不论是在工程项目建设过程中问题的发现，还是在工程质量的即时监管、工程进度的即时监控、工程安全的即时监督以及工程资料的即时分析等方面，都存在信息反馈速度慢、决策不及时、管理效率低等现实问题。尽管这些问题有众多原因，但是从近些年我国工程项目管理的现状来看，其中最主要的原因还是工程项目管理者缺少能够及时、全面、准确、有效反映工程项目实施状态的即时信息。在工程项目的管理中，由于工程项目的质量、进度、费用、安全等核心管理对象的信息都与工程的建筑实体直接相关，而工程建筑实体又随着工程进度的变化而变化，因此，能否在工程项目的建设过程中，随着工程建筑实体实施状态的变化，在获取工程建筑主体施工信息的基础上，快速高效地建立起能够反映工程主体施工的即时模型，为工程项目管理者实现对工程项目的即时高效管理提供科学的依据，就成为工程项目管理领域需要研究和解决的重要现实问题之一。

针对这一问题，本书融合深度学习与目标检测、计算机视觉、三维重建、建筑信息建模（BIM）、软件二次开发等领域的相关理论与技术，提出了建筑结构即时模型重建方法，旨在为工程项目的即时管控提供科学有效的新工具，进而提高工程项目的现代化管理水平。首先，梳理了施工现场建筑结构信息自动化采集方法，并结合现实问题对图像集的要求，选取了无人机＋摄像机和人工两种方式采集视频片段和无序图像，构建了训练图像集；通过对施工现场环境和进度信息提取需求的分析，确定了10种可识别目标；利用图形图像注释工具对训练图像集中的目标进行了标注。其次，分析了施工现场建筑结构目标检测的特点，选取了基于深度监督对象检测器（DSOD）网络模型，并根据施工现场建筑结构图像的特点对其进行了改进；通过训练与优化获得了建筑构件检测器，分析了建筑构件检测器的各项性能。然后，构建了基于三维粗配准算法的施工进度信息采集模型，从BIM模型的建立及坐标信息提取、相机投影模型及其标定方法、基于粗配准算法的建筑构件三维定位和基于辅助信息的施工进度推理四个方面重点介绍了构建模型的具体方法。同时，为修正施工进度信息采集过程中相机外参的累积误差，阐述了图像与BIM的叠加对比原理，构建了叠加效果修正模型，设计并开发了图像叠加管理系统，自动化评估并纠正图像叠加效果偏差。在此基础上，借助4D-BIM模拟技术，构建了建筑结构即时模型重建框架，提出了BIM元素的随机离散生成机制；开发了Navisworks插件，实现了建筑结构即时模型重建。最后，集成研究各阶段提出的方法与模型，提出并开发了建筑结构即时模型重建管理系统；以某高层商住楼为案例，测试了该系统的可靠性、实用性和有效性，验证了施工进度信息采集模型、叠加效果修正模型和建筑结构即时生成模型的有效性。

本书的主要创新成果有：基于计算机视觉、深度学习与目标检测技术，应用深度监督对象检测器算法提出了建筑结构构件识别方法，可支持建筑结构构件的即时检测；基于图像信息标定、投影模型和图像配准方法，提出了建筑结构构件三维粗配准算法以及图形叠加效果修正模型，提高了施工进度信息的判别准确度；融合施工进度自动化采集方法和4D-BIM技术，提出了建筑结构即时模型重建的随机离散形成机制与方法，为建筑工程自动化管理提供了技术支撑。

这些创新成果不仅在理论方面充实和完善了建设工程项目建模理论，实现了已完工程结构的实时可视化三维展示，而且在工程实践方面为工程构件的质量检测和施工现场的安全管理提供了新的管理工具，对提高大型工程建设项目的现代化管理水平具有较高的实用价值。

本书内容涉及的有关研究得到了北京市教育委员会科研计划项目（KM202410016008）的资助。本书在编写过程中，参考了相关文献资料，在此对文献资料的作者表示感谢！

由于作者水平所限，书中不妥之处在所难免，敬请广大读者批评指正。

薛靖国
北京建筑大学
2024年12月

目　录

1 绪 论

1.1 研究背景及意义

为了促进国民经济的稳定发展，我国近年来建设了一大批大型和特大型工程项目，如中国尊、港珠澳大桥、大兴国际机场、雄安新区等。在这些工程项目的管理过程中，尽管在工程建造技术方面已经取得巨大的成绩，走在了世界工程建设领域的前列。但是从工程项目管理的角度来看，传统的人工管理方式依旧占有较大的比例[1]。正是由于这种传统落后的管理方式，不论在工程项目建设过程中问题的发现，还是在工程质量的即时监管、工程进度的即时监控、工程安全的即时监督以及工程资料的即时分析等方面，都给实现工程项目的高效管理带来众多问题，并以质量低下、工程返工、成本增高、材料浪费、合作低效等多种方式呈现出来。因此，如何利用先进的科学技术，提高大型工程项目的管理效率就成了当今工程项目管理领域需要研究和解决的主要问题之一。

为了快速、准确、自动地获取工程状态信息，提高工程项目的管理效率，领域内专家和学者们提出了许多新兴的管理技术，如建筑信息建模（building information modeling，BIM）技术、建筑三维重建技术、施工进度自动化采集技术、物联传感技术等。这些技术的出现为解决工程项目中存在的诸多问题提供了新的解决方案，促进了工程管理现代化水平的提升。但从实际情况来看，这些技术的推广应用效果与预期还存在着很大的差距，体现在施工现场建筑结构实态信息的提取和基于现场信息的即时模型构建两个方面。

信息是对数据的解释，为使用者提供决策和管理所需要的依据。从施工现场采集数据并提取即时有效信息，将大大提升项目实施过程中的问题反馈与处理效率，减少管理工作的随意性和盲目性，为业主、施工方和其他参建单位的科学决策提供依据。施工现场的信息种类繁多，采集和提取哪些信息是问题的关键。建筑结构作为工程项目管理的对象，与BIM 模型一一对应，是一种天然的信息载体，而且施工现场的各项活动都直接或间接地围绕建筑结构展开，因此提取建筑结构的即时状态信息以服务于施工管理是行业未来发展的必要选择。近年来，为了从施工现场提取关键信息并促进工程项目管理的信息化，学者们提出了多种自动化的施工现场建筑结构信息采集技术，可分为基于标签、基于激光和基于图像的技术。其中，基于图像的技术因其具有成本低、技术要求低、便携、分辨率高、纹理信息丰富、数据获取迅速等优势，能够为施工现场建筑结构的信息采集提供丰富的基础数据而受到业界的欢迎[2]。与此同时，在国家和各地政府相关政策的支持下，各种影像采集设备被应用于施工现场，每天在施工现场记录的图像和视频的数量呈指数增长，这些图像/视频数据包含了施工现场丰富的工程信息，如劳动力、物流、工程结构等[3]。这为可视化捕获建筑工地的实际状态提供了前所未有的机会，也为施工现场的科学化和智能化管理提供了可能。然而，由于分析和处理这些海量施工现场图像/视频数据存在困难，以及缺乏必要的数据加工能力，这些信息并未发挥出应有的价值[4-5]。

为了提高施工现场信息的利用率，业界提出了许多与信息集成和处理相关的技术和工具，其中BIM技术是一种很有价值的技术。BIM技术出现以前，施工管理主要依赖于管理人员的综合素质与经验，管理工具通常以横道图、计算机辅助设计（computer-aided design，CAD）、项目管理软件、办公软件等简单的工具为主[6]。这种传统管理方式的科学性不高，随机性较强；各建设方之间、各专业之间信息协同不足，信息沟通不及时、不顺畅，易形成“信息孤岛”；二维图纸的可视化程度低，信息化、集成化不足；施工过程模拟仿真程度差，复杂工序的施工技术交底困难[7]。这些问题不仅制约着建筑工程项目的精细化管理，也严重影响了我国建筑行业管理水平的提高。BIM技术的出现为提高工程项目管理效率、解决工程项目中存在的诸多问题提供了新思路。由于BIM技术在创建、计算、管理、共享和应用海量工程项目基础数据方面表现出前所未有的能力，世界各国政府或行业协会都在政策上大力推进BIM技术的应用，我国也早在2011年将BIM技术纳入第十二个五年计划。但是，BIM技术在推广实施过程中也遇到一些阻碍。以施工过程模拟为例，现有的4D-BIM模拟是一种计划式的模拟，只能用于预测计划中可能存在的漏洞，而不能反映实际施工过程中存在的问题。究其原因，在于缺少基于实际信息的即时模型构建技术，BIM模型无法与实际施工现场建立联系。

综上所述，新兴管理技术应用过程中面临的施工现场建筑结构实态信息提取和即时模型构建问题严重阻碍了工程项目管理水平的实质性提高。因此，如何从海量的施工现场建筑结构图像/视频数据中提取即时有效的工程状态信息，尤其是与建筑结构本体相关的信息，实现对建筑结构的即时三维重建，建立施工现场建筑结构即时模型重建管理系统，推进对工程项目质量、进度、成本、安全等问题的即时诊断，提高大型工程项目的管理效率，不仅是当前工程项目管理领域的前沿问题之一，也是我国工程项目管理领域迫切需要研究的重要技术性管理问题。

为实现对工程项目的即时高效管理，大幅提高工程项目的现代化管理水平，本书拟开展建筑结构即时模型重建方法及其仿真研究。它的研究意义体现在以下四个方面：

（1）充实和完善工程项目建模理论。现有工程项目建模主要是根据设计方案构建理想模型，该模型可用于检测空间和时间冲突、规划施工物流、协调分包商施工并向业主展示计划进度。但这种建模方法与实际施工过程无关，无法反应施工现场建筑结构的实际状况。本研究拟在现有工程项目建模理论的基础上，结合深度学习、计算机视觉、BIM和施工管理等多个领域的理论和方法，提出建筑结构即时模型重建方法，实现建筑结构构件即时识别、施工进度即时采集、图像与BIM配准叠加修正和建筑结构的即时重建。该方法将为工程项目即时性管理提供科学有效的新工具，丰富工程项目建模理论。

（2）为实现工程进度与成本的即时管控提供新工具。现有的施工进度监测主要依靠人工方式采集现场数据，即通过人工判断、软件记录和统计数据，最终生成进度报告，这种人工监测进度的方式耗时且可能包含错误。一方面，项目管理人员需要花费大量的时间去等待和搜索报告中的信息以感知施工作业活动和进度的情况；另一方面，错误的信息容易造成管理团队对当前状态的不正确理解，引起管理团队错误决策，从而导致更严重的进度延误和成本增加。本书将图像信息数字化、三维模型化，可以直接计算已完工工程的工程量，从而促进施工进度和成本的自动化统计。此外，通过为建筑结构即时模型设定不同的渲染方式，可以实现计划模型与已完工结构的叠加对比，直观显示施工进度偏差，为管理者的即时决策提供有力工具。

（3）为工程构件质量问题的三维定位提供技术支撑。在施工现场质量管理方面，尽管通过图像可以识别工程中存在的质量问题（如混凝土裂缝、麻面、蜂窝、露筋、孔洞等），但由于图像采集位置和视角的不同，极易使得检测图像很难实现与建筑实体的完全匹配，无法为工程管理者快速确定存在问题的管理对象提供依据。对此，本书在实现已完工程结构的三维重建后，图像中的工程构件与重建后的三维模型一一对应，可以实现工程质量问题的迅速定位，有利于项目管理人员及时采取质量缺陷弥补措施。

（4）为施工现场的安全管理提供即时三维环境。安全管理是施工现场管理的重点，也是难点。如何利用自动化的技术实现施工现场便捷、高效、全面的管理，是施工现场安全管理工作面临的挑战。本书提出的建筑结构即时模型重建为这一问题提供了解决方案。一方面，本书复刻了施工现场建筑结构，使得很多安全设备产生的信息能够被三维存储并与建筑模型深度融合，为基于空间信息的安全管理提供丰富的数据集。另一方面，三维模型化后的已完工程结构与实际工程施工进度保持同步，呈现了实际施工现场建筑结构的最新现状，使施工安全管理具有了实时性。因此，这种实时的数字化三维环境为施工现场安全的即时监管提供了基础平台和技术支持。

1.2 本书主要内容

基于上述分析，本书拟提出建筑结构即时模型重建方法；实地采集施工现场数据，利用目标检测技术识别施工现场影像资料中的建筑构件；在此基础上分析相机与世界坐标系中的坐标关系，探索目标检测结果与 BIM 模型的空间映射关系；通过二次开发 BIM 相关软件，实现 BIM 元素的即时生成；开发建筑结构即时模型重建的集成化管理平台，为工程项目管理者提供有力工具。基于此目标，本书主要内容可分为 6 个部分，具体如下：

（1）施工现场建筑结构图像数据的采集与标注。从施工现场采集信息并构建数据集是建筑结构即时模型重建的基础和前提。该部分将分析现有的施工现场建筑结构信息自动化采集方法，确定采集方案；在此基础上，采集施工现场建筑结构图像，构建施工现场建筑结构图像数据集；最后通过分析施工现场环境，确定标注目标和标注方法。

（2）基于目标检测的建筑结构构件识别方法。建筑结构构件识别是施工进度信息采集和建筑结构即时模型重建的必要条件，为从施工现场建筑结构图像中提取信息提供有力工具。该部分将在积极汲取现有研究方法在图像识别方面具有优势的基础上，结合建筑工程结构构件的特点，提出建筑构件识别模型，为即时建模模型的构建提供技术支撑。

（3）基于三维粗配准算法的施工进度信息采集方法。施工进度信息采集是建筑结构即时模型重建的重要组成部分，为建筑结构即时模型重建提供实时的进度数据，其集成建筑构件检测器和三维粗配准方法，自动化获取施工进度。该部分将构建建筑实体的 BIM 模型，分析三维空间与成像平面的映射关系，确定相机内外部参数标定方法和相机部署方案，建立相机投影模型将 BIM 元素投影于成像平面，并提出配准算法建立构件识别结果与 BIM 元素之间的映射关系，从而推理获得施工进度信息，为建筑结构即时模型重建提供数据基础。

（4）图像与BIM配准叠加效果修正模型。图像与BIM配准叠加效果修正模型是施工进度信息采集研究的辅助模块，用以消除相机外参迭代标定过程中累积的误差。为此，该部分将介绍图像与BIM配准叠加的基本思想和原理；构建叠加效果修正模型；开发图像叠加管理系统；分析不同组合模式下图像叠加效果，确定最佳叠加状态。

（5）建筑结构即时模型重建的随机离散生成机制。在利用目标检测和三维粗配准方法采集施工进度数据的基础上，建筑结构即时模型重建研究BIM模型的自动更新方法，实现建筑结构施工过程的即时再现。为此，该部分将构建建筑结构即时模型重建框架；梳理自动化采集得到的进度数据的一般形式，建立BIM元素随机离散生成机制；二次开发Navisworks插件，实现BIM模型对施工进度数据的响应。

（6）建筑结构即时模型重建管理系统开发与仿真。建筑结构即时模型重建管理系统是对全书所提方法和技术的整合，为建筑结构即时模型重建技术的应用提供便捷工具。为此，该部分将首先分析建筑结构即时模型重建管理系统设计的思路与方案，包括主要功能模块的设计和交互与信息传递流程的梳理；设计系统主界面和主要功能模块界面，介绍各界面主要功能；最后基于实际工程案例，通过仿真模拟测试系统的可靠性、实用性和有效性，验证进度信息采集模型、叠加效果修正模型和建筑结构即时模型重建的有效性。各部分研究内容之间的关系如图1-1所示。

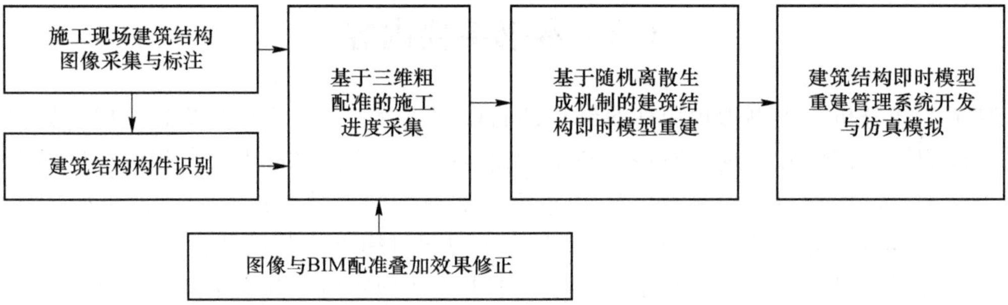

图1-1　研究内容关系图

1.3　建筑结构即时模型重建研究现状

为充分了解建筑结构即时模型重建的国内外研究现状，本书以BIM、建筑、三维重建、目标检测、配准、定位、施工模拟等词汇及其组合作为关键词，检索中国知网、万方、Web of science、Springer、IEEE、Engineering village等数据库，去除无效数据后得到文献1325篇，筛选出近10年（2013—2022年）与本课题密切相关的文献228篇。通过对相关文献的阅读和整理后发现，研究的主题主要集中在建筑构件识别、建筑三维重建和BIM施工模拟三个方面。因此，本节将从这三个方面分析现有研究进展和成果，为后续研究提供背景支撑和依据。

1.3.1　建筑构件识别研究现状

目标识别是指将一个特殊目标（或一种类型的目标）从其他目标（或其他类型的目

标）中区分出来的过程。建筑构件识别是目标识别的一个分支，特指利用计算机视觉技术从图像中检测建筑构件（如梁、板、柱、墙等）的过程。现有的建筑构件识别方法大致可分为几何推理类、外观推理类和目标检测类[8]三类。

（1）几何推理类识别方法是指通过对齐三维点云和 BIM 模型，计算点云占用的空间，并从几何角度推断构件的存在。例如，Braun 等人将 BIM 元素表面划分为栅格，并将 BIM 元素表面一定距离内的点作为衡量这一栅格内构件是否存在的依据，然后根据构件之间的逻辑关系和物理关系推断被遮挡构件的存在[9]。Omar 等人在 BIM 元素表面一定距离处创建内外两个包络框，将点云置于框内对齐，移除多余点云后只保留中间点云，根据点云密度确定立方体高度，从而确定已完工构件的高度[10]。这种几何推理类方法严重依赖于稀疏的点云，但点云模型存在噪声多、分割困难和配准困难等问题，识别效果并不理想[11]。

（2）外观推理类识别方法是指将 BIM 模型投影到成像平面，并识别投影区域的材料纹理以确定建筑构件。例如，Han 和 Golparvar-Fard 将配准后的 BIM 元素反向投影到二维图像中获取图像块，通过对图像块纹理的识别确定构件种类，从而辅助进度推理[12-13]。Bassier 等人提出了一种点云数据自动分类的方法，通过机器学习算法对数据进行预分割和处理，在嘈杂和闭塞的环境中标记地板、天花板、屋顶、横梁、墙壁和杂物等目标[14]。这种外观推理类方法依赖于 BIM 模型，当施工进度发生变化后，需要人工调整 BIM 模型，不满足自动化和即时性管理的要求[15]。

（3）目标检测类识别方法是指直接使用目标检测技术从图像中识别建筑构件。近年来，随着机器学习技术的兴起，基于目标检测的建筑构件识别已经取得了一定的成果。例如，一些学者使用目标检测技术从图像中识别混凝土区域。然而，由于许多构件由混凝土制成，检测到的混凝土区域相互连接，建筑构件无法被细分出来[16-17]。为了克服这一局限性，Zhu 和 Brilakis 提出了一种基于视觉数据的混凝土柱自动检测方法，通过分析混凝土柱的边界信息（如颜色和纹理），将结构柱从混凝土区域中分离出来[18]。但是，由于工程图像中不同构件的纹理和颜色特征差异较小，加之不同工程构件之间的空间关系复杂，这种方法无法适用于复杂工程构件的检测。此外，Deng 等人提出了一种将计算机视觉与 BIM 相结合的方法，用于瓷砖铺贴进度的自动化监控[19]。Wang 等人提出了一种新的框架来实现预制墙施工进度的自动监控[20]。综上，目标检测类方法不借助点云和 BIM 模型，直接从图像中提取信息，方便快捷且灵活性高。但是，当前我国工程建设领域大多数工程采用现场浇筑混凝土的方式施工，而现有研究中识别的对象都是预制构件或已完工的混凝土构件，相关方法在我国建设工程项目中适用性较弱。有学者对混凝土构件的裂缝进行识别并定位裂缝存在的位置，却没有区分不同混凝土构件，识别对象的语义信息不完整[21]。因此，如何从现浇混凝土施工现场灵活采集实时图像，确定该类型施工现场可供检测的目标，探索适用的算法，从而快速精确地从施工现场建筑结构图像中提取有用信息就成为当前研究亟须解决的问题之一。

1.3.2 建筑三维重建研究现状

三维重建是指建立适合计算机表示和处理的三维物体数学模型的过程[22]。它不仅是在计算机环境中处理、操作和分析物体属性的基础，而且是在计算机中建立虚拟现实环境以表达客观世界的关键技术[23]。建筑三维重建技术以建筑为重建对象，首先通过三维激光扫描直接产生三维点云或基于三角原理利用摄像机拍摄的图片产生三维点云，然后将三维点云与 BIM 模型通过手动或自动方式配准，最后计算配准后 BIM 元素中三维点云的密度来推断 BIM 元素是否存在[24]。由于在数据采集过程中无法避免遮挡的存在以及数据的缺失，所以在推理过程中可配合施工流程的逻辑关系和施工构件之间的物理关系来辅助推理。此外，还可以将与三维点云配准后的 BIM 元素反向投影到图像中，提取不同 BIM 元素的纹理信息，用于辅助推理。建筑三维重建技术框架如图 1-2 所示。

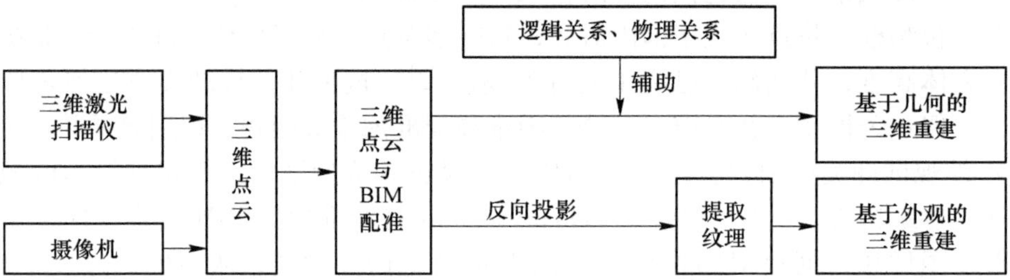

图 1-2　建筑三维重建技术框架

就具体方法而言，学者们的研究路径虽然有所差异，但大体可分为点云获取、图像与 BIM 配准、点云分割与语义识别和进度推理四个环节。

1.3.2.1　点云获取

点云由海量点构成，用于描述目标三维形状，可利用激光扫描或利用算法从图像中重建。获取点云通常是建筑三维重建技术的首要环节，如 Braun 等人使用双目摄像机拍摄图像，然后根据三角原理生成三维点云[9]。该方法由两两对应的图像计算得到点的深度信息。而 Omar 等人则首先将摄像机进行标定，并预先固定好多个摄像机的位置、拍摄方向和缩放比例[10]。因此，可以通过摄像机的参数关系确定图像之间的关系，进而推断图像中点的三维坐标，生成点云。相比于静态的图像，Han 和 Golparvar-Fard 则通过拍摄视频来获取点云。他们使用了运动图像中连续的帧，并利用运动结构（structure-from-motion，SfM）技术来推断图像中点的三维坐标[12]。Han 等人进一步发展了这种方法，将三维激光扫描仪采集的点云和图像产生的点云同时与 BIM 配准[13]。此外，Pučko 等人采用头盔式的激光传感器直接生成部分点云，不同部分点云根据时间与空间位置关系配准到同一坐标系，去除重复的冗余点云后形成完整的三维点云[25]。Liu 等人采用地面激光扫描为扫描对象提供了精确的点云数据，用于竣工复杂管状工程结构的 BIM 重建[26]。Ma 等人则利用参数化建模范式从语义分割对象生成竣工 BIM，为自动化扫描到 BIM 提供了一个逐步的进步，避免了依赖建模师的经验从原始点云重建竣工 3D 模型[27]。

1.3.2.2　图像与 BIM 配准

配准（或对齐）是三维重建领域必不可少的环节，配准工作在不同方法中起到不同的效果。现有的三维重建配准方法可分为两种形式：一种是同质的部分数据之间的配准，形成全局模型，包括图像-图像（2D-to-2D）和点云-点云（3D-to-3D）对齐；另一种是不同类型数据之间的配准，例如图像-BIM（2D-to-3D）、点云-BIM（3D-to-3D）和图像-点云-BIM（2D-to-3D-to-3D）对齐。由于这些配准过程都是从原始数据（图像）开始，最后映射到 BIM，因此本书将整个过程称为图像到 BIM 的配准。

图像与 BIM 配准旨在使采集的图像与 BIM 中包含的计划信息能够相互比较[28]。现有的图像到 BIM 配准的方法大致可分为四类：基于 3D-2D 配准的方法、基于特征点的方法、基于深度图像的方法和基于透视的方法。

（1）基于 3D-2D 配准的方法。使用固定摄像头监控施工过程是最方便的方法之一，无需平移/倾斜/变焦。一旦用户首次配准了计划模型和竣工模型，就很容易确定后续图像和虚拟模型之间的对应关系。许多学者在虚拟现实（virtual reality，VR）或增强现实（augmented reality，AR）环境中将 3D 视觉模型叠加在图像上[29-31]。理想条件下，所有视觉模型都可以投影到图像平面，并与图像完全对齐。然而，室外摄像机容易受到重力和横风等环境因素的影响，自动配准很容易失败。更重要的是，固定摄像头的方法无法避开施工现场频繁出现的遮挡，在遮挡严重时表现出较低的鲁棒性[32]。

（2）基于特征点的方法。为了解决固定摄像机无法应对遮挡的问题，学者们探索了移动摄像的方法。例如，Golparvar-Fard 等人研究了一种从无序图像集中提取 SIFT 特征点的方法，通过识别重叠区域的公共特征点，将这些图像相互配准，生成特征点云[33]。然后，在 4D 增强现实（D^4AR）环境中，通过将特征点云与三维虚拟模型对齐，从而将图像和虚拟模型配准。他们通过图像-点云和点云-BIM 的配准，实现了图像-BIM 的配准。此外，研究者还提出了许多自动化的方法将 BIM 模型与点云模型配准，如 Bueno 等人提出了 4 平面同余集算法（4-plane congruent set algorithm）用于自动将 3D 点云与 3D BIM 模型配准[34]；Lei 等人提出了基于卷积神经网络（CNN）深度学习算法的 3D 补丁（patch）配准方法，用于集成序列模型以支持进度监控[35]。总之，基于特征点的方法采用无序图像，在一定程度上解决了遮挡产生的问题，越来越受到研究者们的青睐。

（3）基于深度图像的方法。与上述方法相比，深度图像中记录的点不仅包含其 RGB（red，green and blue）信息，还包含了深度信息。由于通过深度信息可以直接将平面点扩展为空间点，基于深度图像的配准方法极大地简化了图像配准和点云生成的过程。例如，在 Pučko 等人的研究中，工人通过头盔扫描仪（kinect）记录部分点云、位置和时间戳，实时捕获建筑物内外所有的工作场所；然后，通过手动拾取等效点将部分点云配准并合并为建筑物完整的 4D 竣工点云；最后，使用马里博尔大学开发的程序实现了图像与 BIM 配准[36]。该方法虽然简化了前期的图像配准和点云生成过程，但手动拾取等效点需要耗费大量的人工。人工的参与不仅使配准过程耗时，重复的过程也容易产生错误，使结果不准确。

（4）基于透视的方法。基于透视的方法利用图像中点、线、面之间的关系，直接将图像与 BIM 进行配准。例如，Asadi 等人提出了一种使用透视配准技术将图像配准到 BIM 中的方法[37]。该方法使用单目摄像机系统捕获视频帧，创建当前施工状态的已完工数据，并借助 AR 技术将线框模型叠加到 BIM 模型。第一个帧首先与 BIM 模型配准，然后通过扫描竣工图像感兴趣区域（region of interest，RoI）提取候选线，计算模型与竣工场景之间的精确对应关系。由于每个房间都需要一个单独的视频，而且每天都需要拍摄，所以该方法虽然只有第一帧需要手动对齐，但是每个视频都需要手动处理，这显然需要大量人工操作。类似地，Fernandez-Labrador 等人提出了一种新的方法从单个 360°全景图像中恢复室内场景的 3D 布局[38]。该方法将几何推理与深度学习相结合，生成属于房间主体结构的线集，从中提取候选角点并生成布局假设。综上，基于透视的方法直接将竣工图像配准到计划模型中，而无需点云的帮助。然而，该技术仅被应用于场景中遮挡较少的室内装饰阶段，不适用于室外场景。

1.3.2.3　点云分割与语义识别

无论是激光扫描的点云还是从图像中生成的点云都是一组仅包含三维坐标的不可区分的点，表示不同构件的点混合在一起，无法被区分。并且，点云表示的内容包含了大量的噪声、背景和障碍物（设备、材料、人员、工具、防护措施、垃圾等）。凌乱和冗余的点云不仅浪费计算机资源，而且影响判断。因此，有必要对点云进行分割，以删除 RoI 之外的冗余点。

近年来，各种点云分割方法被提出，大体可分为六类：基于聚类、基于边缘、基于区域、基于图形、基于模型拟合和混合方法[39]。其中，基于模型拟合的方法包括霍夫变换和随机采样一致（random sample consensus，RANSAC）算法。各类方法的优点和缺点总结如表 1-1 所示。

表 1-1　点云数据的分割方法比较

分割方法	优　势	劣　势	文献
基于聚类	易于理解和实施	准确性问题：对数据中的噪声敏感，并且受对附近的定义的影响	[40-41]
基于边缘	快速分割	精度问题：对噪声和点云密度不均匀敏感	[42-43]
基于区域	对噪声更准确	分割过度或不足以及确定边界的准确性	[44]
基于图形	更好地处理密度不均匀或噪声较大的复杂点云数据	无法实时处理，需要培训或其他系统协助处理	[45]
基于模型拟合（霍夫变换）	具有异常值的快速鲁棒性	速度较慢且对分割参数更敏感	[46]
基于模型拟合（RANSAC）	对异常值具有快速和鲁棒性，可以处理大量数据	处理不同来源点云数据时，分割精度易受噪声和密度分布影响	[47]
混合方法	利用多种方法更精确	包含所选方法的所有缺点	[48]

点云分割后，表示不同构件的点云被划分为不同的区域。但是，这些点云区域表示的语义信息（如构件类型）还需要进一步确定。为了区分不同区域点云表示的对象类别，学者们提出了多种方法对点云的语义信息进行标记，称为点云语义识别。

点云语义识别的关键是建立语义映射[49]。一般情况下，将点云分割成均匀的三维小块，然后提取每个小块的特征（包括颜色、位置、高度、紧凑度、线性、平面度、与地面的角度等），对这些小块进行分类，形成语义点云。例如，Antonello 等人提出了一种多视图帧融合技术，通过 3D 纠缠森林增强语义标记结果，并在 RGB-D（red，green，blue and depth）点云上构建语义地图[50]。该方法首先将点云过度分割为均匀的3D 面片，并为每个面片计算长度为 18 的特征向量；然后定义纠缠特征的五个二元测试，用以描述邻域中片段之间的复杂几何关系。Posada 等人提出了一种用于全方位图像纯语义映射的框架，使用二值地板/障碍物分类器从全方位图像中找到自由空间，并使用一个场所类别分类器来标记与导航相关的类别，如房间、走廊、门口和开放式空间[51]。Adan 等人将语义建模过程分为五个语义级别，包括建筑物现状的自动数据采集、简单的几何建筑模型、建筑物主要结构元素（structure element，SE）的识别、建筑物 SE 内开口的识别，以及 SE 上小型建筑服务构件的识别[52]。他们提出的集成系统能够以高细节的水平自动重建大型场景，并提供详细的建筑语义模型。Dimitrov 提出了一种基于图像的材料分类方法，用于语义丰富的已完工 3D 建模，并构建了施工材料库来训练和测试所提出的方法[53]。Rodrigues 则针对建筑系统中的管道，研究了自动化的建模方法。该方法基于直管骨架的估计并基于直管段之间的关系识别三通和弯头，可以直接获得重建对象的语义信息[54]。虽然他们的方法仅用于图像，但是将该技术移植到点云语义识别中是可行的。

1.3.2.4 进度推理

三维重建的最终目的是获取施工进度，即进度推理。进度推理是通过比较计划模型和已完工模型并检测两者之间偏差以计算施工进度的过程。在过去几年中，许多用于进度推理的方法已经被提出，这些推理方法借助了几何、外观、关系等信息，大体可分为四类：基于点云的 3D 空间占用率、基于点云的二维平面投影、基于 3D-2D 投影区域的图像变化、基于几何图元之间的关系。

（1）基于点云的 3D 空间占用率的方法根据点云占有的空间来推断施工进度，例如 Braun 等人将 BIM 元素表面分割为二维光栅单元，并在 BIM 元件表面前后一定距离内为每个光栅单元提取点，通过点数来验证进度信息[9]。Omar 等人为 BIM 模型创建了内部和外部表面平面，并通过外部和内部表面边界之间的点云占有空间测量结构柱的真实高度[10]。Golparvar-Fard 等人对预期进度可见性进行了遍历和标记，并提出了一种基于贝叶斯概率模型的机器学习方案，可自动检测物理进度[33]。Meyer 等人提出了基于地面激光扫描的密集三维点云和体素空间离散化的高分辨率变化检测方法，使用置信函数模拟激光测距对空间占用率的影响[55]。

（2）基于点云二维平面投影的方法根据点云在平面中的投影轮廓来推断施工进度，例如 Rebolj 等人和 Pučko 等人将 BIM 元素投影到三个正交平面，并利用规则的网格对平面光栅化；将图元附近的点投影到相同的网格上，包含投影点的网格单元区域被视为覆盖区域；最后通过评估元素表面被点云覆盖的百分比来识别现有元素[36,56]。Volk 等人将点云投影到一个平行于地板的平面上生成了热力图（heat map），并从中构建了提供房间平面图的闭环；在此基础上，将 3D 点投影到墙上，为每面墙创建一个图像，以提取出窗户、门或其他孔的轮廓[57]。

（3）基于 3D-2D 投影区域的图像变化的方法根据在成像平面上三维实体模型投影区域内图像颜色、纹理等特征的变化来推断施工进度，例如 Kim 等人利用基于 3D CAD 的图像掩模滤波器从水面背景中识别斜拉桥的施工进度，这种方法适用于遮挡程度低、背景中噪声小的场景[58]。Zhu 和 Brilakis 使用机器学习技术识别分割图像区域，以确定该区域是否由混凝土组成[17]。该方法确定的混凝土是一整块区域，而不能细化到单个构件。对于这一缺陷，Ibrahim 等人将图像分割成一组离散构件遮罩（mask），并分析与每个构件相关的特定感兴趣区域的纹理或颜色的变化，以推断关键施工活动的时间[32]。然而，这些变化大多与阴影及其他可变条件有关，如移动设备或脚手架，推断结果的可靠性较低。Han 和 Golparvar-Fard 提出了一种新的基于外观的材料分类方法，用于在操作层面监控施工进度偏差[12]。他们使用预先训练好的多类别材料分类器来识别感兴趣区域的颜色和纹理。之后，Han 等人结合了基于几何的和基于外观的推理方法来检测建筑构件状态，这为更频繁地测量施工进度提供了可能[13]。

（4）基于几何图元之间的关系的方法根据辅助信息推断施工进度。在图像采集时，遮挡是不可避免的，此时使用辅助信息推断进度可以大大减少数据收集阶段的重复工作和识别结果的模糊性。辅助信息包括对象或几何图元之间的物理关系（聚合关系、拓扑关系和方向关系）和逻辑关系。例如，Nuchter 和 Hertzberg 用语义网表示空间关系模型[59]。Nguyen 等人使用三维实体 CAD 模型自动导出实体对象或几何图元之间的拓扑关系[60]。Braun 等人将这些关系归因于技术依赖性，并用图（由表示建筑元素的节点和表示依赖性的边组成）表示这些依赖性[9]。然而，是否使用辅助信息在建筑、工程和施工（architecture，engineering & construction，AEC）行业存在争议。Ibrahim 等人指出，这种方法并不完全可靠，因为真正确保构件完工的唯一方法是目视验证，即真实地看到而不是通过推断得到[32]。因此，他们建议将多个图像源组合起来共同推理分析判断，以提高进度推理结果的可靠性。

在上述分析中，各种建筑三维重建技术表现出独特的优势与特点，通过对现有相关研究成果的分析与汇总，梳理得到一个全面的建筑三维重建技术路线图，如图 1-3 所示。图 1-3 展示了建筑三维重建技术从数据收集到进度推理的全过程研究路线图：上方为施工前的计划模型，包括几何模型和关系；下方为在施工现场收集并反映实际施工状态的已完工模型，包括图像和点云等元素。通过计划模型和已完工模型之间的对比并结合其他算法和技术，即可实现基于几何、关系和外观等信息的施工进度推理。

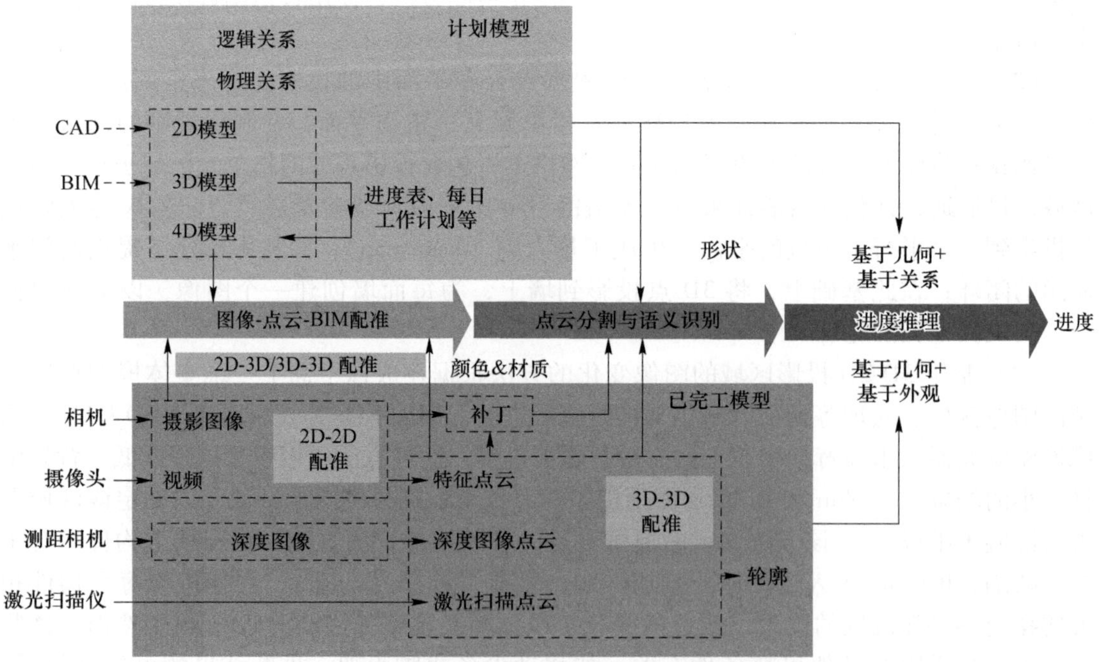

图 1-3　建筑三维重建技术路线图

通过对相关文献的梳理可发现，建筑三维重建领域主要存在两个方面的问题：点云处理复杂烦琐和现有方法无法满足对现浇混凝土结构的三维重建。

首先，现有研究中的三维重建过程大都以点云为基础，但基于点云的三维重建存在着一些固有的缺点。(1) 点云的数据量巨大、采集成本高，处理点云需要的计算机资源高[5]。对于大型工程，点云采集的区域有限。如果一次采集的区域过大，则点云的精度会比较低，影响三维重建的效果；而如果缩小采集区域，则会增加采集成本[5,13]。由于点云采集需要人工的参与，所以该过程不能频繁进行，否则信息的时效性得不到保证。(2) 点云只能采集到构件几何信息，而无法识别构件的表面材质信息，所以基于点云的三维重建无法覆盖构件的表面施工活动，如抹面、涂料等[53]。(3) 点云还存在噪声多、分割困难和配准困难等问题[61-62]，这些问题的存在给基于点云的三维重建方法带来了挑战。针对点云存在的上述缺陷，一些学者开辟了新的三维重建路径，即利用图像进行三维重建[61]。例如，Kim 等人通过对图像的处理，得到包含目标的黑白图像；使用基于掩码的滤波器，去除掩码以外的区域；对比掩码图像和目标图像从而获取单个构件的进度信息[58]。但该研究中的研究对象过于简单（图像背景是水面、噪声很小），不适用于建筑施工进度监控。Zhu 和 Brilakis 利用机器学习来识别混凝土区域并对图像进行分割，将分割后的图像块用于训练人工神经网络和支持向量机[17]。该方法只能识别混凝土区域，并不能区分不同的构件，所以并没有实现基于图像的三维重建。尽管如此，上述研究中利用智能算法识别建筑构件的做法为基于图像的直接三维重建提供了新的思路。

其次，现有施工进度信息采集技术不适用于现浇混凝土结构建筑。近年来，由于经济发展、城镇化水平的提高以及建筑技术和材料的进步，世界各地高层建筑的数量和高度急剧增加[63]。据估计，这些趋势今后将继续下去，跟踪此类建筑的施工过程是一项重要任务[64]。然而，现有的三维重建研究似乎很少涉及此类建筑物，这可能与高层建筑结构施工的特点有关。例如，相同单元在垂直方向上重复构造，存在大量形状相同的构件；水平工作平面空间狭窄，通常没有合适的平台安装监控设备；建筑立面被脚手架和防护网遮挡，很难从地面拍摄到最新的施工进度。因此，现有方法是否能够适用于高层建筑还需要进一步探讨。(1) 基于激光扫描的方法可以直接获取建筑物的三维表面点云模型[65-66]。该技术具有快速、准确和不依赖于光线的优点，但由于其设备昂贵和技术要求高，未被大多数企业所接受[67-68]。(2) 近年来，由于图像获取成本低的特点，基于图像的建模越来越受到关注[69]。与激光扫描不同，该技术基于三角成像原理从图像生成 3D 点云。(3) 此外，一些学者将 BIM 模型投影到成像平面上，然后通过识别投影区域内的材料来推断施工进度，避免了从嘈杂的点云中识别构件[56]。然而，上述方法在测量高层建筑的施工进度时是不切实际的。高层建筑的施工现场是混乱的，杂乱堆放了建筑材料和施工工具，如图 1-4 所示。值得注意的是，在建建筑由模板和钢筋组成。此时，无论是通过激光技术扫描的点云还是从图像中提取的点云大多都是无用的点，而不是建筑构件本身。同时，由于混凝土构件被模板和防护网紧紧包裹，通过识别投影区域材料来推断施工进度的方法同样无法捕捉到最新的施工进度。因此，现有技术很难直接用于监控高层建筑的施工过程、测量最新的施工进度。

(a)　　(b)　　(c)

图 1-4　混乱的建筑工地示例

(a) 准备阶段；(b) 立面支模阶段；(c) 平面支模阶段

1.3.3　BIM 施工模拟研究现状

模拟是对真实事物或者过程的虚拟。通过模拟，可以表现出选定系统的关键特性。在工程建设领域，BIM 施工模拟也被称为 4D-BIM，它提供了一个一致的可视化平台和一种按计划施工的通用语言。现有研究成果中，4D-BIM 相关研究基本可以分为施工前的模拟和施工现场实时模拟。

1.3.3.1　施工前的模拟

施工前的模拟在 4D 环境中可视化计划进度，能够检测到施工中的进度错误，使项目参与者和客户无论其具有的施工专业知识水平如何都能在施工开始前理解空间约束、探索设计和提供施工备选方案。学者们针对 4D-BIM 技术在建筑工程中的应用进行了丰富的探索，先后开展了基于 BIM 的 4D/5D 虚拟施工、方案论证、技术交底等研究[70]。例如，章伟等人应用 4D-BIM 技术对大跨度钢结构进行虚拟仿真施工，模拟施工工序，以实现方案评估、应力检测、质量控制等目的[71]。张剑涛等人应用4D-BIM 技术对地铁站工程进行了 3D 可视化建模、搭建施工协调平台，并对 PBA（pile，beam & arc）工法的施工过程进行了虚拟仿真[72]。周桂香等人将4D-BIM 技术应用于某医院综合楼的施工阶段，进行了施工场地规划模拟、地下工程施工方法模拟、桩基施工方案模拟、智能化停车库施工模拟和钢结构连廊施工模拟等[73]。唐红等人将4D-BIM 技术应用于大型深基坑工程，进行了工程可视化设计、二维出图、碰撞检查、施工进度 4D 仿真模拟、工程量自动统计及核对、基坑监测等一系列内容[74]。

由上述文献可知，4D-BIM 模拟的主要目的是检测空间和时间冲突、了解施工物流、与分包商和行业协调施工，并向业主展示计划进度[75]。这种基于计划进度的施工过程模拟侧重于施工前研究，以便在施工开始后更好地管理现场。施工前模拟虽然无法全面地考虑到施工过程中可能发生的每一个事件，但是其可以作为计划信息的基础[76]。3D 和 4D 模型可以为项目中涉及的所有各方提供逼真的视觉表达、一致的视觉平台和计划信息的通用语言。诸多学者的研究表明，4D-BIM 能够将施工条件与进度直观地展示在管理者面前，允许不同专业在同一模型中就具体问题展开沟通与交流，通过虚拟施工尽早发现施工中的问题，并对反映出的问题及时调整，有利于资源的优化配置、降低施工成本、减少现场返工[76-77]。

然而，施工现场是一个复杂多变的环境，诸多因素影响着施工过程，会造成实际施工现场与计划模型不一致的情形。为了实现对工程项目真实有效的管理，需要施工管理者更关注计划施工状态与实际施工状态之间的差别。为了监督实际施工过程，许多项目中采用相机来记录施工现场建筑结构状态，但也只停留在了对施工过程的记录，这些记录并没有被用来发掘信息。因此，如何将这些相机记录的实际施工状态与 BIM 模型融为一体，对施工过程即时再现，进而反映实际施工状态和计划施工状态之间的差别，是 AEC 行业亟须解决的问题。

1.3.3.2 施工现场实时模拟

施工方案的纠正和进度计划调整通常在施工协调会议上进行，在面对面的交流中，参与者之间需要轻松、快速地交流进度信息。但是，与会人员来自不同的单位（从业主到具有不同专业知识的分包商组织），使用文本表示法会导致大量信息在会议上被低效地呈现，使与会人员很难清晰快速地了解实际情况。因此，大部分时间被花在描述现有问题和决策上，而不是评估替代方案和讨论假设情景与纠正措施。

施工现场实时模拟正是解决上述问题的关键。实时的施工过程模拟依托于施工进度的自动化采集，为可视化管理施工项目提供了便捷工具。基于三维重建的施工进度追踪方法实现了施工现场的三维可视化，为实时的施工过程模拟奠定了基础。例如，Pučko、Xu 和 Rebolj 等人使用激光扫描仪获得 3D 点云[56,68,78]；Omar、Rebolj 和 Volk 等人从包含颜色和纹理信息的图像生成点云[10,36,57]；Han、Golparvar-Fard 和 Dimitrov 等人将激光点云与图像点云相结合[12-13,53]。这些三维的点云在一定程度上再现了施工现场的状态，然而单质且稀疏的点云不利于管理者对信息的处理，在视觉上无法满足现场管理需求[79]。为此，Golparvar-Fard 和 Peña-Mora 将 BIM 模型叠加在图像上，以比较计划和完成的施工进度[80]。但该方法要求固定相机位置和视角，不利于对施工现场的全局监控和展示。Golparvar-Fard 等人使用 VR 技术将图像叠加到 BIM 模型上，解决了有限视角的问题，实现了图像、点云和 BIM 模型完美融合[33]。类似地，Rahimian 等人使用 VR 技术融合深度图像和摄影图像，提供了沉浸式的施工现场视觉环境[81]。这些方法为施工现场建筑结构的再现提供了有力的技术方案，有利于施工进度的自动化统计、已完工建筑结构的三维可视化展示和工程项目的远程监督与管理等。

然而，上述研究并未解决模型实时更新的问题，即未实现对施工现场建筑结构的实时模拟。施工现场建筑结构实时模拟具有两个方面的优势：（1）实时的施工过程模拟中对已完工进度的三维可视化不仅对于那些不擅长研究书面材料或数字数据分析的人甚至那些对口头或书面报告提出质疑的人来说是可以理解的，而且还可以使大量数据迅速被理解和吸收；（2）与文字和数字形式的进度报告相比，基于视觉的技术提供了丰富的数据集，可以成为已完工数据收集的来源，并作为项目参与者之间进度监控的良好沟通工具。更重要的是，实时的施工现场建筑结构模拟是工程质量即时诊断、工程进度实景展示、工程成本即时计算、工程安全即时监管等工程项目的全方位、全过程即时高效管理的前提。因此，十分有必要提出新机制，实现 BIM 模型的实时更新，满足施工现场建筑结构即时管理的需求。

综上所述，目前国内外对建筑结构即时模型重建的相关研究取得了丰硕的成果，但也面临着诸多障碍与挑战，主要表现在以下三个方面：（1）在建筑构件识别方面，现有研究中识别的对象都以预制构件或已完工的混凝土构件为主，不符合我国工程建设领域主要采用现浇混凝土方式施工的现实情况。（2）在建筑三维重建技术方面，现有方法严重依赖于点云，给三维重建工作带来了诸多困难与挑战，且受施工方式的影响，现有方法无法满足对现浇混凝土结构的三维重建。（3）在 BIM 施工模拟方面，现有研究主要集中于对计划方案的模拟，未实现施工现场建筑结构的实时再现。

若要解决上述问题和挑战、提高施工现场现代化管理水平，一方面，必须根据施工现场采集的图像，切实分析施工进度自动化采集工作面临的问题，提出全新的尤其是适用于从混乱的施工现场建筑结构图像中提取关键信息的施工进度信息采集方法；另一方面，必须在现有 BIM 软件基础上开发实时的施工过程模拟工具，根据自动化采集的施工进度数字化再现实际施工过程，以便于施工进度统计、施工过程可视化展示和工程项目的远程管理等。

1.4　本章小结

本章介绍了建筑结构即时模型重建的研究背景、意义以及现有技术的不足，重点强调了传统管理方式对大型工程项目管理效率的制约。随着 BIM 技术、三维重建技术和目标检测技术的发展，施工现场的建筑结构信息采集和即时模型构建成为提升项目管理效率的关键。然而，尽管已有多种自动化采集技术和管理工具，现有方法在信息提取和实时建模方面仍存在较大挑战，特别是在施工现场的建筑结构实时反映和进度、质量、安全等方面的即时管理上。为解决这些问题，本书提出了一种基于深度学习和计算机视觉的建筑结构即时重建方法，旨在通过图像数据和 BIM 模型的结合，提供一个高效、精确的管理工具，推动工程项目管理的智能化和现代化。

2 建筑结构即时数据采集及标注目标分析

若要实现建筑结构的即时构建，首先需要从施工现场采集原始管控对象的图像，以获取建筑工程在建的构件信息。在此基础上，通过对该信息的辨识与规整，形成系统完整的构件数据集，为信息的自动化提取提供原材料。但是，采用何种采集方式自动化采集施工现场信息、如何获取施工现场建筑结构图像、如何对所获信息进行规整与标注且如何保证采集的数据满足建筑结构即时模型重建的需求等有关问题就成为首先需要研究和解决的基础性问题，而这些问题正是本章所要研究和解决的主要内容。

2.1 施工现场建筑结构信息自动化采集方法

为了快速、精确、自动地获取施工现场建筑结构信息，AEC 行业的专家学者对项目施工现场建筑结构信息的自动化采集方法进行了大量的研究。一些学者将全球定位系统（global positioning system，GPS）、条形码、射频识别（radio frequency identification，RFID）、数码相机、摄像机和激光扫描仪等技术与工具用于施工现场建筑结构数据的自动化采集[82-83]。这些新的信息采集方法，不仅降低了信息采集工作的烦琐程度，也为基于 BIM 概念的数字化和可视化施工模拟提供了必要条件[84]。目前自动化的施工现场建筑结构信息采集方法种类繁多，大致可分为基于标签的技术和基于成像的技术两类[85]。

2.1.1 基于标签的信息采集方法

标签是一种用于标明物品基本信息的简要标牌，被广泛应用于生产和生活中[86]。由于标签具有存储一定信息的功能，其也常被用于快速采集施工现场建筑结构信息。在施工现场，标签的表现形式众多。传统的标签包括条形码和二维码等简单标签，通常被贴于构件表面，可由人工扫描条形码或二维码获取构件信息。近年来，许多传感器由于其出色的信息存储和信息发射能力也被用于工程项目管理中，如射频识别传感器、超宽带传感器、全球定位系统传感器等。这些传感器可以与构件绑定，也可以置于构件内部，与构件形成一体。本节将具体介绍这些基于标签的施工现场建筑结构信息采集技术，为研究提供参考与借鉴。

（1）条形码/二维码。条形码（barcode）是一种由宽度不同的黑条组成，并按一定的编码规则平行排列的标签[86]。由于其成本低廉，常被用以标识产品的名称、生产日期、类别、生产者等信息，在图书管理、商品流通、邮政管理等诸多领域被广泛应用。但是，条形码存储的信息十分有限，二维码（quick response code，QR code）应运而生。二维码是一种用某种特定的几何图形按一定规律在平面分布的、黑白相间的、记录数据符号信息的图形。它比传统的条形码能存储更多的信息，也能表示更多的数据类型。二维码在具备条形码的基本功能后，还具有对不同行的信息自动识别功能以及对图形旋转变化的自动适应能力。在工程项目管理领域，条形码是最传统的数据采集方式之一。条形码用料简单、成本低廉，用条形码阅读器或者扫描仪扫描即可快速获得条码所包含的信息，主要用于材料跟踪、库存管理、施工进度统计、人员跟踪等管理过程，也被用于工程交付成果的管理，如图纸、报告、规范、文件等[87]。在信息采集时，使用条形码/二维码的优点在于：1）数据内容和类型的容量大；2）可靠性高；3）便于生产；4）可被手机等移动设备轻易识别[88]。

（2）射频识别。射频识别是一种利用射频来采集和传输现场数据的自动识别技术。射频识别技术能够通过标签的方式在被识别对象中存储和检索重要的数据[89]。这些信息可以很容易地读取和写入，因此这种技术可以用于施工现场建筑结构信息采集。目前，有三种类型的 RFID 标签：主动式，被动式和混合式[90]。主动式 RFID 标签集成了电源，可以发射信号并将信号传播给接收器。被动式 RFID 标签没有电源，通过读取器感应获得所需能量。被动式 RFID 标签的使用距离为 15 m 左右，而主动式 RFID 标签的操作范围可达 500 m。混合式 RFID 标签是主动式 RFID 标签与被动式 RFID 标签的结合，可以发送数据，但它们需要一个信号来启动。在工程项目管理领域，RFID 技术已被应用于施工进度采集[91]、材料追踪[92]、活动记录[93]等。研究表明，与其他位置传感技术相比，RFID 技术具有耐用、读取范围广、对环境的要求低等特点，能够提供更快、更准确、更稳定的三维定位结果[94]。RFID 系统的局限性在于其相对较高的初始和维护成本、信号强度的不断降低，以及有源 RFID 有限的寿命周期和电池的定期更换需求。此外，当 RFID 标签在封闭或部分覆盖的建筑场地中使用时，由于其附近存在金属（如钢丝网、脚手架、金属支撑、金属门窗等），其通信范围会急剧降低[95]。

（3）超宽带。超宽带（ultra wide band，UWB）技术是另一种可以应用于短程通信的无线电技术[96]。超宽带系统是接收器和标签在大带宽（N500 MHz）上相互通信的网络。标签发送超宽带无线电脉冲，使系统能够找到其三维位置坐标。超宽带技术在施工现场的应用包括材料跟踪[97]、基于活动的进度跟踪[98]、安全管理等。在恶劣的施工环境中，超宽带已经成为一种有效的实时位置传感和资源跟踪技术。与其他跟踪和定位技术相比，超宽带技术的优势在于：1）比激光扫描或基于视觉的探测和跟踪系统具有更长的读取距离（高达 1000 m）；2）有能力在室内和室外工作；3）低脉冲率导致的低平均功率需求；4）与 RFID 系统相比，UWB 不需要与其他技术集成来提供准确的 3D 位置估计[99]。

（4）全球定位系统。全球定位系统基于卫星采集信息，并广泛应用于定位与导航。该系统接收来自卫星的信号，以定位附着在标签上的特定物体的位置。在工程项目管理中，GPS 已经被应用于跟踪钢结构材料的整个施工过程[100]、定位隧道掘进进度[101]、跟踪建筑部件位置与方向[102]等。使用 GPS 的主要限制在于拥挤环境中的多路径误差，即在拥挤环境中，由于卫星信号的阻塞、偏转和失真，定位可能会严重退化。同时，当需要将 GPS 接收器附加到每个站点对象时，系统将变得不经济。

综上所述，四种基于标签的技术具有不同的特点，在施工现场建筑结构信息采集中表现出各自的优势和局限性，具体如表 2-1 所示。

表 2-1　基于标签的施工现场建筑结构信息采集技术的优势和局限性

类型	方　法	优　势	局 限 性	文献
基于标签的技术	条形码/二维码	成本低、操作要求简单	耗时且易损坏	[86-88]
	射频识别	实用性强、不需要光线	在存在金属和液体的情况下耗时且容易出错	[89-95]
	超宽带	可靠的信号、更长的读取范围、提供3D位置估计	成本高、没有微型设备	[96-99]
	全球定位系统	定位范围宽、适应性强	精度低、一般仅限于室外	[101-103]

2.1.2　基于成像的信息采集方法

基于成像的施工现场建筑结构信息采集技术也被称为基于计算机视觉的技术，大体上可分为两类：主动式的成像技术和被动式的成像技术[104]。主动式的成像技术通过三维激光扫描仪直接扫描产生点云，或通过三维测距相机拍摄深度图像，并经过转化后生成点云；被动式的成像技术则使用摄像机拍摄图片或使用录像机（包括监控器）记录视频，从图像或视频帧中提取关键信息。因此，基于成像的技术又可细分为三维激光扫描技术、三维测距相机技术、摄像测量技术和视频测量技术四种。

（1）三维激光扫描技术。三维激光扫描技术利用激光测距的原理，通过记录被测物体表面大量的密集点的三维坐标、反射率和纹理等信息，可快速复建出被测目标的三维模型及线、面、体等各种图元数据[105]。这种技术具有效率高、精度高、不受光照影响的独特优势，但也具有成本高、现场采集数据量大、耗费时间长、对操作技术要求高等缺陷[106-107]。

（2）三维测距相机技术。三维测距相机技术同三维激光扫描技术原理相同，它通过安装在头盔上的小型激光扫描仪获取深度图像，通过软件将深度图像转化成三维点云[108]。这种相机体积小，成本比激光扫描仪便宜，但测量范围有限，需要后期对点云进行大量的配准工作，不适用于大范围的采集[109-111]。

（3）摄影测量技术。摄影测量技术基于三角测量原理，使用照相机拍摄的2D图像，提取拍摄对象的几何特征并对构件进行三维创建[112]。摄影测量技术的优势在于设备成本低廉、获得现场数据更为迅速。但是摄影测量技术对环境的可见光强度要求较高，对于表面特征相似的构件难以在图像中识别出来，且得到的构件精度较低[113-115]。

（4）视频测量技术。视频测量技术与摄影测量技术相似，不同的是使用录像的帧代替了图像进行3D坐标的测量[116]。视频测量技术使用录像机在视频中捕捉目标对象的大量帧像，从中提取特征，从而实现自动化的实时数据采集。视频测量技术可以产生中等精度和质量的结果，且成本较低。但是，视频中帧的分辨率比较低，在一定程度上限制了视频测量技术的应用[117]。

基于上述分析，本书汇总了四种基于成像的施工现场建筑结构信息采集技术的优势和局限性，具体如表2-2所示。

表 2-2　基于成像的施工现场建筑结构信息采集技术的优势和局限性

类型	方　法	优　势	局 限 性	文献
基于成像的技术	三维激光扫描技术	自动数据采集、精度高、不依赖于自然光、可全天候使用	采集数据量大、冗余数据量大、数据采集耗费时间长、操作技术要求高、容易产生噪声且需要额外的处理、存在反射问题	[52]，[65-66]，[78]，[105-107]
	三维测距相机技术	便携、低成本、丰富的纹理信息、采集快速、可以获取距离信息	测量范围有限、仅适用于短程应用、需要后期对点云进行大量的配准工作	[56-57]，[108-110]
	摄影测量技术	低成本、低技术要求、便携、高分辨率、丰富的纹理信息、获取数据迅速	对可见光的要求高、表面特征相似时无法识别且精度低	[10]，[22]，[28]，[69]，[112-115]
	视频测量技术	低成本、低技术要求、便携、高分辨率、丰富的纹理信息、获取数据迅速	对可见光的要求高、表面特征相似时无法识别且精度低、画面分辨率低	[5]，[12-13]，[32]，[58]，[116-117]

与主动式的成像技术相比，近年来，被动式的成像技术表现出以下三个方面的特性，使得该技术越来越被重视并被采用。(1) 被动式的成像技术（摄影测量技术和视频测量技术）具有直观、信息丰富、准确、成本低、技术要求低等优点，先天就有利于被建筑公司所接受[118]。(2) 硬件技术的发展为轻松、廉价地获取海量可靠图像数据提供了支持，包括摄像头、监视器、存储设备、智能手机、无人机等。内置摄像头的设备的普及使得每日图像不仅可以被系统地收集，还可以由施工现场的任何人记录[119]。(3) 软件技术的飞速发展，特别是基于深度学习的图像处理技术，为图像信息的提取提供了强大的工具[120]。(4) 随着计算机及相关行业硬件、软件、算法和数据等相关技术的蓬勃发展，各种新技术不断涌现并受到了研究人员的追捧。许多学者已经将这些新兴技术与现有的被动式的成像技术相结合，并取得了丰硕的成果。

综上所述，被动式的成像技术具有成本低、技术要求低、便携、分辨率高、纹理信息丰富、数据获取迅速等优势，能够为施工现场建筑结构信息采集提供丰富的基础数据、满足施工现场建筑结构数据采集需求。因此，本书将采用被动式的成像技术从施工现场采集数据，即采用基于图像（摄影或视频）的测量技术。

2.2　施工现场建筑结构图像采集

上节分析中确定了采用被动式的成像技术采集施工现场建筑结构信息，但是被动式采集技术包含多种设备，不同设备产生的数据形式不同。因此必须分析不同设备的优势和局限性，才能制定科学合理的施工现场建筑结构图像采集方案。

2.2.1　采集设备与数据形式

在 AEC 行业，图像可以由多种设备采集，包括相机（单目相机/双目相机/相机阵列）、智能设备（手机/平板电脑/个人笔记本电脑）、监控器、带摄像头的无人机、卫星等。这些设备大多具有成本低、技术要求低、便携、分辨率高、纹理信息丰富等特点。各设备的主要性能指标如表2-3所示。

表2-3　不同设备性能比较

设备	原始数据类型	成本	技术门槛	便携性	分辨率	材质信息
相机	摄影图像	低	低	高	高	丰富
智能设备	摄影图像	低	低	高	高	丰富
监控器	视频	低	低	低	中等	丰富
无人机	视频	高	高	低	中等	丰富
卫星	遥感图像	高	低	—	低	中等

根据是否固定设备以及是否标记图像顺序，不同设备采集的图像又可分为两种：固定视角的有序图像集和不固定视角的有序或无序图像集。其中，有序图像集是指图像之间有严格的顺序关系，相邻两幅图像之间的重叠区域较多，可建立准确的映射关系；而无序图像集中的图像来自不同的视角，拍摄时间不确定，两幅图像之间不一定有重叠区域。

（1）固定视角的有序图像集。固定摄像机常用于采集有序图像集，只要获得摄像机的坐标和拍摄方向，并经过简单的旋转和缩放，图像就可以与BIM模型配准，极大地简化了复杂的相机标定过程。虽然该方法可始终根据需求采集图像，为快速响应提供了可能，但是该方法对结构变化造成的遮挡缺乏灵活性。为了减少遮挡，必须增加摄像机数量并从多视角拍摄施工现场建筑结构[121]。这引发了新的问题，即如何排列多个摄像机以及如何处理摄像机之间的数据冲突。此外，相机抖动产生的微小错误会显著影响配准结果，使识别任务变得困难，因此在固定摄像机时必须选择稳定的附属物。但是，受现场条件的制约，这一要求有时难以实现。因此，利用固定相机采集有序图像集来获取施工现场建筑结构信息的方法存在一定的局限性。

（2）不固定视角的有序或无序图像集。针对固定视角无法避免遮挡的问题，许多学者采用不固定视角拍摄的方法采集有序或无序图像集。这些图像通常由施工现场的各类管理和施工人员拍摄，包括施工经理、业主代表、承包商、施工人员等。由于可以从施工现场的任意位置获取图像，该方法可以采集到建筑物的各种细节，使施工现场建筑结构尽可能被完全记录。然而，开发能够有效处理此类图像的技术是一个巨大的挑战。当存在大量无序图像集时，若想实现所有图像的配准，必须手动记录相机位置和外部参数，并且每个图像集都需要初始配准，配准过程较为麻烦。为了实现无序图像的自动配准并确定每幅图像的拍摄视角，学者们提出了利用图像中特征点之间的关系反推图像视角变换，从而建立正确的空间映射关系。常用的做法为：从图像中提取尺度不变特征变换（scale-invariant feature transform，SIFT）特征点，使用随机抽样一致算法（random sample consensus，RANSAC）对其进行匹配以估计基本矩阵，并基于运动结构（structure-from-motion，SfM）原理生成三维点云。为了创建完整的三维点云，图像之间必须有大量的重复，并覆盖所有的被观测对象，这对于手动采集的方式来说几乎是不可能的。因此，一些研究人员使用配备摄像头的无人机（unmanned aerial vehicle，UAV）专业地拍摄图像并记录它们，它允许更大范围的视图[122-123]。

2.2.2 施工现场建筑结构图像采集方法

根据不同的图像采集设备和数据形式并结合人工采集方式，目前常用的施工现场建筑结构图像采集方法主要分为四类：固定的摄像机拍摄固定视角的视频、无人机拍摄环绕视频、人工采集无序图像集和人工采集有序图像集。

（1）固定的摄像机拍摄固定视角的视频。固定的摄像机采集到的图像视角不发生改变，图像只需要与 BIM 模型配准一次，便可以持续地记录施工建筑实体的变化过程。但固定摄像机的局限性在于一个固定的摄像机只能记录一个视角的施工现场，因此利用固定的摄像机采集施工现场建筑结构图像只能采集到部分区域的施工情况。

（2）无人机拍摄环绕视频。相对于固定视角的采集方式，将摄像机配置于无人机并利用无人机拍摄建筑实体的变化过程是一种灵活的方法。无人机环绕建筑物可以拍摄到建筑物的四周和顶部，数据丰富且视角基本无限制[124]。但无人机不持续记录施工现场建筑结构的变化过程，视频中记录的内容只是建筑物在某一时刻的状态，关键性图像密度底。

（3）人工采集无序图像集。人工采集无序图像集是指由施工现场的人员记录施工过程，记录的图像没有顺序关系。这种方式可以采集到几乎所有角度的施工变化过程，具有数据范围广、无视角限制、关键图像密度高等特点。但不同图像之间的重叠程度无法保证，容易出现数据不连贯进而无法确定每幅图像视角的情况。

（4）人工采集有序图像集。人工采集有序图像集是指由固定的人员定时从某一视角记录施工现场建筑结构状况，适用于视角受限的场景。这种方式采集的数据关键图像密度高，且能够持续地记录施工现场建筑结构的变化。

四种采集方法的特点及优缺点总结如表 2-4 所示。

表 2-4 施工现场建筑结构图像采集方法对比

方 法	设备	数据形式	图像顺序	优 势	劣 势	适用情形
固定的摄像机拍摄固定视角的视频	摄像机	视频	有序	持续采集、可记录建筑实体变化过程	视角固定	施工现场记录
无人机拍摄环绕视频	无人机 + 摄像机	视频	有序	数据丰富、视角无限制	无效数据多、关键图像密度低	训练数据采集、施工现场记录
人工采集无序图像集	人工	图像	无序	数据范围广、无视角限制、关键图像密度高	数据不连贯	训练数据采集
人工采集有序图像集	人工	图像	有序	持续采集、可记录建筑实体变化过程、关键图像密度高	可记录的视角少	实验数据采集、施工现场记录

2.3　训练与实验图像集

上述研究梳理了施工现场建筑结构图像采集方法，不同方法各具特点，适用情形不同。要构建满足施工进度实时采集和建筑结构即时模型重建的图像集，必须从图像集的具体用途和要求出发，分析图像集特点，确定适用的图像采集方式。在本书中，采集的图像集既要满足神经网络训练的需求，也要适用于建筑结构即时模型重建仿真模拟，即图像集可分为训练图像集和实验图像集。

（1）训练图像集。构件检测器的优劣决定着建筑结构即时模型重建的准确性。为了使构件检测器具有一定鲁棒性，图像数据集不仅在数量上要具有一定的规模，而且在拍摄场景上要尽可能全面丰富。因此，本书在采集训练图像集时，一方面，利用无人机拍摄环绕视频，提取视频帧作为训练图像，以确保充足的图像数据；另一方面，由人工采集无序图像集，以确保图像拍摄场景的全面性和丰富性。

（2）实验图像集。实验图像集用于提取施工进度，对图像集中的图像的数量和丰富度无严格要求。但是，实验图像集要求图像之间具有较高的重叠程度，以确保进度信息的连续性。实验图像集图像的采集可以采用固定视角拍摄视频或人工采集有序/无序图像集的方式。鉴于需要在高空低频率长时间跨度的拍摄，本书选用较为方便的人工方式采集有序和无序图像集作为实验图像集。

训练图像集和实验图像集的采集方式汇总如表2-5所示。

表2-5　不同图像集合数据采集方式的选择

图像集合	图　像　用　途	图像采集方式与数据形式
训练图像集	建筑构件检测器训练	无人机＋摄像机采集视频、人工采集无序图像
实验图像集	实验阶段相机外部参数标定与施工进度信息提取	人工采集有序和无序图像

为了获得可用于训练构件识别器的训练图像集，本书选取5个高层建筑，进行了为期45天的数据采集工作。为了创建一个全面的数据集，考虑了不同的视角、缩放和照明条件。在视角方面，利用无人机多角度盘旋采集了俯视图、侧视图和斜视图；在缩放方面，从不同距离拍摄目标建筑物；在照明条件方面，考虑了晴天和阴天以及早晨、中午和傍晚的场景。数据采集分两种方式开展：无人机采集和人工采集，具体采集过程为：（1）使用DJI Mavic Air2无人机从俯视和侧视拍摄，每天拍摄两次，共收集了450个视频片段。从每个视频中截取10幅图像作为训练集（共4500幅图像），然后截取500幅图像作为验证集和测试集。（2）由塔吊司机使用手机自带的相机功能对施工现场建筑结构进行拍摄，共收集到1218幅图像。从中分别无差别地选取1000幅、118幅和100幅图像作为训练集、验证集和测试集，最终的数据集构成情况如表2-6所示。其中，训练集、验证集和测试集都用于训练目标检测算法。训练集（train set）是用于模型拟合的数据样本。验证集（validation set）是模型训练过程中单独留出的样本集，它可以用于调整模型的超参数（在机器学习中，超参数用于定义关于模型的更高层次的概念，如复杂性或学习能力）和用于对模型的能力进行初步评估；通常在模型迭代训练时用以验证当前模型泛化能力（准

确率、召回率等），以决定是否停止继续训练。测试集（test set）用来评估最终模型的泛化能力，但不能作为调参和特征选择的依据。

表 2-6 模型数据集构成

采集方式	训练集/幅	验证集/幅	测试集/幅
无人机	4000	300	200
人工	1000	118	100
总计	5000	418	300

2.4 图像标注

图像标注是通过人工把图像中需要识别和分辨的区域贴上标签的过程，深度神经网络学习这些标注数据的特征后，便能具备自主识别的功能。从图像标注的角度来说，现有研究中标注对象通常为混凝土构件。如前面所述，在现浇混凝土结构中，混凝土构件被包裹，无法被拍摄到。因此必须重新梳理施工现场建筑结构图像，并寻找可用于推断施工现场建筑结构信息的标注目标。

2.4.1 施工现场环境分析

根据采用的施工方法，建筑可分为现浇式建筑、现砌式建筑、预制装配式建筑和混合式建筑。不同施工方法下，施工现场的环境差异较大，其中又以现浇式建筑的施工现场环境最为复杂。因此，本书以此类施工现场为例进行分析和研究。在施工过程中，现浇式建筑结构构件的形成主要经历五个阶段：绑扎钢筋笼、外围支模、浇筑混凝土、养护混凝土、拆模。从施工工艺上考虑，由于同层构件相互连接，不同构件的混凝土浇筑、混凝土养护、拆模工序同时进行，而钢筋绑扎、模板支撑工序相互错开。因此，无法同时观察所有部件的所有状态，而且大多数情况下从俯视图可以拍摄到的是它们的半成品。

为了确定哪些构件和哪些状态可以被识别，本书对不同时期的施工现场建筑结构状态进行了梳理，如表 2-7 所示。其中，模板拆除后的图像从建筑侧面拍摄，其他图像从建筑上方拍摄；下层混凝土浇筑后的时间点作为该层施工的开始的时间点。

表 2-7 施工现场状态

阶 段	施 工 现 场	主要工作内容和施工现场状态	可识别的构件及状态
开始（混凝土养护）		工作内容：下层混凝土养护；现场状态：平坦的混凝土板，尽管有零星的突出钢筋	—

续表 2-7

阶 段	施 工 现 场	主要工作内容和施工现场状态	可识别的构件及状态
准备		工作内容：模具和材料准备、下层模板拆除； 现场状态：模板、钢筋、支架等工具堆放在楼板上，施工现场非常混乱	堆放的模板①
立面施工		工作内容：柱和剪力墙的钢筋绑扎和模板支撑； 现场状态：模板背面占据了顶视图的大部分区域，上面布置了很多钢筋，因此施工现场比较规则	带模板的墙或柱
平面支模		工作内容：为板和梁支模板； 现场状态：垂直模板逐渐被遮挡，留下排列整齐、边界明显的平面模板	带底模板的板和由模板围成的梁
平面钢筋绑扎		工作内容：板用钢筋绑扎； 现场状态：板上有钢筋笼，模板之间的边界变得模糊	板钢筋笼，梁钢筋笼
混凝土浇筑	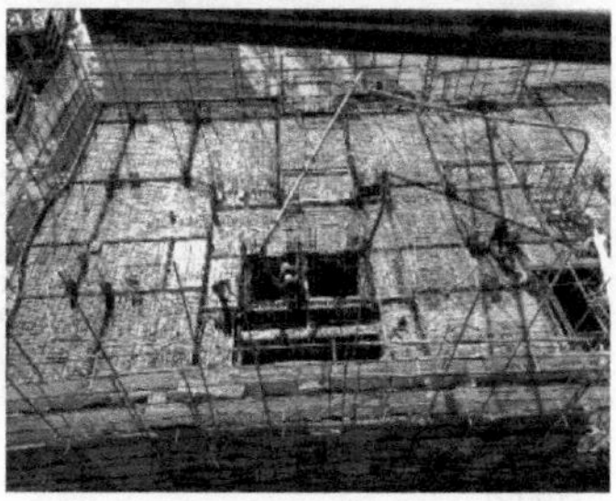	工作内容：混凝土浇筑； 现场状态：板上有钢筋笼。随着混凝土的浇筑，钢筋笼逐渐消失，模板的边界由模糊变清晰再消失	板钢筋笼，梁钢筋笼，浇筑工具①

续表 2-7

阶　段	施 工 现 场	主要工作内容和施工现场状态	可识别的构件及状态
模板移除（侧视图）		工作内容：无； 现场状态：结构施工完成状态，部分防护网被拆除，可以从侧面直接观测到混凝土构件	混凝土墙/柱，混凝土板，混凝土梁

①为完善施工进度信息，识别堆叠模板和浇筑工具，以辅助推理。

2.4.2　标注目标与标注方法的确定

根据对施工现场环境的观察与分析，一个构件在不同时期表现出不同的形态。由于遮挡，从图像中识别所有构件的所有状态是不现实的，也是没有更高实用价值的。从工程实际角度来看，通过对关键构件外观的识别，即可真实描绘和推断出工程项目的施工进度，以满足建筑结构即时重建的需求。因此，根据上述研究结果，需要识别的对象主要包括堆放的模板、带模板的墙或柱、带底模板的板、由模板围成的梁、板钢筋笼、梁钢筋笼、浇筑工具、混凝土墙/柱、混凝土板和混凝土梁。

确定标注目标后，使用图形图像注释工具 LabelImg 对训练集进行注释，生成 PASCAL VOC 格式的 XML 文件[125]。标注示例如图 2-1 所示，图中标注了四种对象：红色线框表示混凝土梁，黄色线框表示混凝土板，绿色线框表示混凝土柱，蓝色线框表示混凝土墙。

扫码看彩图

图 2-1　标注示例图

2.5 本 章 小 结

为了从施工现场采集原始管控对象的图像以获取建筑工程在建构件信息，本章首先梳理了施工现场建筑结构信息自动化采集方法。结果表明，被动式的成像技术具有成本低、技术要求低、便携、分辨率高、纹理信息丰富、数据获取迅速等多方面的优势，被确定为信息的基本采集方式。其次，在此基础上，梳理了施工现场建筑结构图像采集方法，并结合现实问题对图像集的要求，选取了无人机＋摄像机和人工两种方式采集视频片段和无序图像，构建了训练图像集。训练图像集共包含 5718 张图像，并被划分为训练集、验证集和测试集。为了确定识别的对象，本书对施工现场环境和进度信息提取需求进行了分析，确定了 10 种可识别目标，分别为堆放的模板、带模板的墙或柱、带底模板的板、由模板围成的梁、板钢筋笼、梁钢筋笼、浇筑工具、混凝土墙/柱、混凝土板和混凝土梁。最后，通过图形图像注释工具 LabelImg 对训练图像集中的目标进行了标注，为从施工现场建筑结构图像中提取信息奠定了基础。但是，仅有图像数据集，还不能转换为建筑结构即时模型重建所需的构件建造程度信息。因此，选择何种工具从图像数据集中快速准确地提取关键信息，就成为下一步需要重点研究和解决的问题之一。

3 建筑结构构件即时状态信息识别方法

在获得施工现场建筑结构图像数据集的基础上，若要实现从现浇混凝土建筑结构图像中准确识别建筑构件、快速提取关键信息，尤其是与构件类型、位置和状态相关的信息，必须首先研究能够用于该环境的构件识别方法。但是，现有的目标识别方法种类繁多，识别的对象与建筑构件差异较大。因此，如何在现有方法中选择适用于施工现场检测建筑结构构件的网络模型，并训练获得具有鲁棒性的建筑构件识别器就成为本书的重点，也是本章所要研究和解决的主要内容。

3.1 深度学习与目标检测技术

目标检测是计算机视觉（computer vision，CV）领域的一个重要分支，而深度学习已经成为这一领域最前沿也是最成功的解决方案。为了确定可用于从施工现场图像中检测建筑结构构件的算法，必须首先了解深度学习与目标检测领域的相关概念，尤其是工程建设领域的相关研究成果，为本书中目标检测算法的选择提供参考和借鉴。

3.1.1 机器学习与深度学习技术概述

机器学习（machine learning，ML）是一门交叉学科，涉及统计学、概率论、凸分析、逼近论、算法复杂度理论等多学科领域。机器学习技术是人工智能（artificial intelligence，AI）和模式识别（pattern recognition，PR）领域研究中共同的热点，其理论与方法已被广泛用于解决工程应用以及科学领域中的复杂问题。它侧重于研究如何让计算机模拟或实现人类的学习能力，从而获得新的知识或技能、重组现有的知识结构并不断提高其性能。机器学习的实现过程可以分为训练和预测两个步骤。训练是一个归纳的过程，从具体案例中抽象出一般的规律，即从一定数量的样本中学习输出 Y 与输入 X 之间的关系。预测是一个演绎的过程，从一般规律中推导得出具体案例的结果，即根据训练得到的输出 Y 与输入 X 之间的关系计算新的输入 X 对应的输出 Y。当预测得到的结果 Y 与实际场景中的输出一致时，认为训练得到的模型是有效的。近年来，机器学习及其相关领域发展迅速，尤其是深度学习（deep learning，DL）、计算机视觉、强化学习（reinforcement learning，RL）、自然语言处理（natural language processing，NLP）、推荐系统（recommender system，RS）等。

深度学习是一种复杂的机器学习算法，已在机器学习、数据挖掘、搜索技术、机器翻译、多媒体学习、语音、自然语言处理、推荐和个性化技术等相关领域取得了诸多成果，尤其是在语音和图像识别方面取得的成果远超以往相关技术。作为机器学习领域一个重要的研究方向，深度学习的引入使得机器学习更接近于其最终目标——人工智能。深度学习在学习样本数据中的内在规律和表征层次的过程中获取机器可理解的信息，其最终目的是使机器像人类一样理解字符、图像和声音。

3.1.2 目标检测与传统目标检测算法

计算机视觉领域关于图像识别的四大任务包括：分类、定位、检测和分割。其中，分类是判断一张图像中包含的目标及其类别；定位是确定目标在图像中的位置，是一个回归问题；检测是从图像中定位感兴趣的目标并判断目标类别，是分类和回归问题的叠加；分割是将目标与场景进行像素级的分割，实现目标的精确识别。从目标数量的角度，目标检测可以划分为单类目标检测和多类/通用目标检测；从输入图像的顺序角度，目标检测可以划分为静态图像目标检测和视频目标检测。目标检测要解决四个核心的问题：分类、定位、大小、形状，即图像中某个区域的目标属于什么类别、目标在图像中的位置、目标的尺度和目标的形状。

由于图像中各类物体的外观、形状和姿态各不相同，再加上成像时光线明暗和遮挡阴影的影响，目标检测也是计算机视觉领域最具挑战性的问题之一。目前，在学术界和工业界出现的目标检测算法可以划分成两类：传统目标检测算法和基于深度学习的目标检测算法。传统目标检测算法为 Cascade + HOG/DPM + Haar/SVM 及其改进与优化。其中，Cascade 表示一种网络结构；HOG、DPM 和 Haar 表示传统目标检测常用的特征；SVM 全称支持向量机（support vector machine，SVM），是一种常用的分类器。基于深度学习的目标检测算法又可分为基于区域选择的目标检测算法（候选区域/框 + 深度学习分类）和基于回归的目标检测算法。基于深度学习的目标检测算法在许多方面依赖于传统目标检测算法，因此本节首先重点介绍传统目标检测算法。

对于给定的一张图像，传统目标检测算法首先从图像中提取候选框。候选框的提取一般采用滑动固定大小的窗口进行截取的方法，通过遍历的方式提取图像中给定尺度和滑动步长下所有可能的框。在获得候选框后，从每个候选框中提取局部信息（即特征）。一般的提取方法包括基于颜色的方法、基于形状的方法、基于纹理的方法和计算机视觉领域基于高级语义特征的方法等。其中一些方法需要学习，例如提取基本的直方图特征和常见的纹理特征。这些特征提取方法大致可以被划分为三类：

（1）低层特征，如颜色、纹理等最基本的特征；

（2）中层特征，即基于低层特征采用机器学习方法挖掘和学习到的特征，包括主成分分析法（principle component analysis，PCA）特征、线性判别分析（linear discriminant analysis，LDA）学习后的特征，以及一些基于优化理论学习到的特征；

（3）高层特征，即对低层特征和中层特征进一步挖掘后得到的特征。

目标检测算法常用的特征提取方法为低层特征和中层特征，即基于人工设计的特征和基于学习的特征。提取特征后，利用在提前的学习和训练中得到的分类器对提取的特征进行分类。对于单类目标检测问题，只需区分当前候选框中包含的对象是目标还是背景；而对于多类目标检测问题，需要进一步区分当前候选框中对象的类别。判定候选框中的对象后，得到一系列可能是检测目标的候选框。此时，候选框之间可能存在重叠，常利用非极大值抑制（non-maximum suppression，NMS）算法合并候选框，得到的检测目标也就是神经网络的最终输出。传统目标检测算法的一般流程如图 3-1 所示。

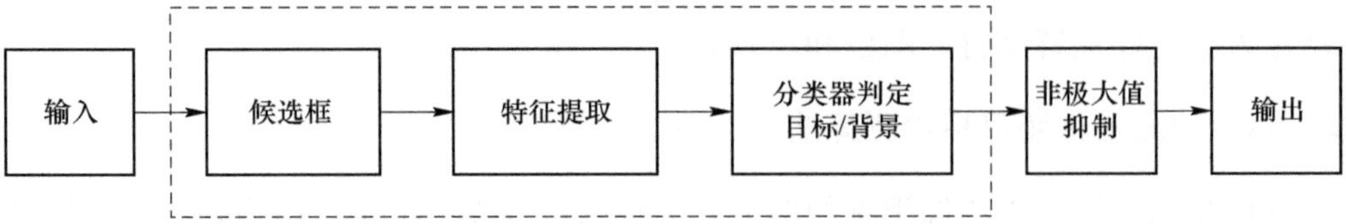

图 3-1　传统目标检测算法的一般流程

这种传统目标检测算法存在两个主要的问题：（1）基于滑动窗口的区域选择策略不具有针对性，算法的时间复杂度高，存在较多的冗余窗口；（2）由人工设计得到的特征对于样本多样性的变化不具有鲁棒性。而这两个问题正是基于深度学习的目标检测算法可以解决的。

3.1.3　基于深度学习的目标检测算法

近年来，在神经网络算法取得突破后，基于深度学习的目标检测算法受到学者们的青睐。基于深度学习的目标检测算法通过卷积神经网络（convolutional neural networks，CNN）实现特征自动提取、分类和回归的任务，将分类和回归都统一在一个框架中，实现“端到端”的学习，如图 3-2 所示。

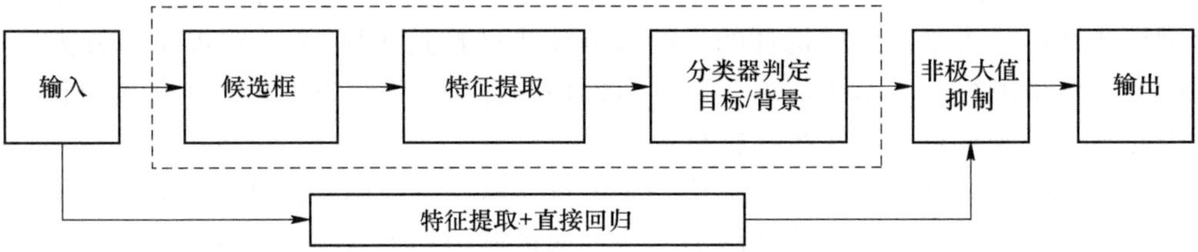

图 3-2　基于深度学习的目标检测算法与传统目标检测算法的流程对比

经过不断研究，众多的目标检测算法被提出，这些算法主要分为两类：基于区域选择的目标检测算法和基于回归的目标检测算法。基于区域选择的目标检测算法主要有 R-CNN、SPP-NET、Fast R-CNN、Faster R-CNN 和 R-FCN 等算法。基于回归的目标检测算法主要有 YOLO、SSD、YOLO v2、DSSD 和 YOLO v3 等算法。

（1）R-CNN 算法。R-CNN 的全称为 regions with CNN features，其技术路线为 selective search + CNN + SVM[126]。其中，候选区域的生成步骤为：用现有的分割方法将图像快速划分为多个区域；基于相似度对相邻的区域进行合并；不断合并区域，直到整张图像成为一个区域（层次化的区域合并）；在合并过程中，基于所有产生的区域给出对应的矩形，得到用于目标检测的候选窗口（大约 2k 个）。在此基础上进行特征提取，特征提取的步骤为：将不同大小的候选区域缩放到相同大小［(227 × 227) 像素］，对区域进行些许扩大以包含少量上下文信息；将所有区域送入 AlexNet 提取特征，共 5 个卷积层和 2 个全连接层；以最后一个全连接层的输出作为区域的特征表示，特征为固定的 4096 维。为了解决标注数据少的问题，R-CNN 算法采用了一种有监督预训练的方式，用仅有图像标签没有边框标注的数据进行训练。此外，R-CNN 算法中仅生成少量候选区域来解决模型计算速度慢的问题，但相比于后期提出的其他算法，R-CNN 算法的速度还不够快。

（2）SPP-net 算法。SPP-net 算法的全称为 spatial pyramid pooling in deep convolutional networks，是为解决重复提取特征而做出的改进[127]。SPP-net 算法提出的解决方案为利用空间金字塔提取特征，使得任意大小的特征图都能够转换成固定维度的特征向量。SPP-net 算法的候选框建议方法和特征向量分类方法与 R-CNN 算法相同；在特征提取时将整张图像输入到卷积神经网络中，得到特征图（feature map）；然后在特征图中寻找候选框对应的特征区域，采用空间金字塔池化的方式提取固定长度的特征向量。SPP-net 算法适用于不同尺寸的输入图像，图像特征具有更好的尺寸不变性，降低了训练过程中过拟合的可能性。

（3）Fast R-CNN 算法。Fast R-CNN 算法的技术路径为 selective search + CNN + RoI，是对 R-CNN 算法和 SPP-net 算法的再改进[128]。改进主要表现在以下几个方面：Fast R-CNN 算法将 R-CNN 算法与 SPP-net 算法结合起来，简化 SPP 为单尺度，即对感兴趣区域池化（region of Interest pooling，RoI pooling）；引入多任务学习，将多个步骤整合到一个模型中，不需要 SVM 训练分类器，训练方式简单；在边框回归中，采用了 Smooth L_1 Loss 函数，对于偏离较大的点可以防止梯度变得太大；全连接层加速，截断式的奇异值分解（singular value decomposition，SVD）（一个全连接层分解为两个小的全连接层）使得算法的时间复杂度降低。Fast R-CNN 算法实现了整个网络端到端训练，不需要将特征缓存到磁盘，可以更新所有层的网络参数。与之前的工作相比，Fast R-CNN 算法在提高训练和测试速度的同时，也提高了检测精度。

（4）Faster R-CNN 算法。Faster R-CNN 算法是在 Fast R-CNN 算法中引入区域建议网络（region proposal network，RPN）算法来提取建议候选框，其技术路径为 RPN + CNN + RoI。RPN 用 CNN 来生成候选窗口，让生成窗口的 CNN 和分类的 CNN 共享卷积层，实现了几乎无成本的区域建议[129]。

（5）R-FCN 算法。R-FCN 算法的全称为 region-based fully convolutional networks，在不同 RoI 之间共享 Conv5 的计算，是 ResNet 算法和 Faster R-CNN 算法的结合[130]。R-FCN 算法的贡献在于它解决了“分类网络的位置不敏感性（translation-invariance in image classification）”与“检测网络的位置敏感性（translation-variance in object detection）”之间的矛盾，在提升精度的同时利用“位置敏感得分图（position-sensitive score maps）”提升了检测速度。

（6）YOLO 算法。YOLO 算法的全称为 you only look once，基于一个单独的端到端网络，完成从原始图像的输入到物体位置和类别的输出[131]。YOLO 算法的检测思想不同于 R-CNN 系列算法的思想，它将目标检测作为回归任务来解决，输入图像经过一次推断后便能得到图像中所有物体的位置和类别及相应的置信概率。YOLO 算法训练和检测均是在一个单独网络中进行，没有显示地求取 Region proposal 的过程。YOLO 算法通过整幅图像推理，学习对象的一般表征，其优势在于速度非常快，但 YOLO 算法在准确度方面仍然落后于最先进的检测系统。虽然它可以快速识别图像中的物体，但是它很难精确定位一些物体，特别是小的目标。

（7）YOLO9000 算法和 YOLO v3 算法。YOLO9000 算法和 YOLO v3 算法都是 YOLO 算法的改进[132]。YOLO9000 算法是一个实时的物体检测系统，可以检测超过 9000 个物体类别。YOLO9000 算法采用的神经网络模型为 YOLO v2，使用一种新的多尺度的训练方法，模型可以用于不同大小的图像，提供了一个简单的折衷速度和准确性[133]。相比于 YOLO 算法，YOLO v2 算法并没有加深或加宽网络，反而是简化了网络且达到效果提升。

（8）SSD 算法。SSD 算法的全称为 single shot multi-box detector，是一种利用单一深度神经网络检测图像中目标的方法[134]。SSD 算法吸纳了两阶段检测器的优秀设计，并进行了改良。与 YOLO 算法一样，SSD 算法采用一个 CNN 网络来进行检测，但却采用了多尺度的特征图。与 YOLO 算法最后采用全连接层不同，SSD 算法直接采用卷积对不同的特征图进行提取检测结果。在 YOLO 算法中，每个单元预测多个边界框，都是相对这个单元本身（正方块），但是真实目标的形状是多变的，YOLO 算法需要在训练过程中自适应目标的形状。而 SSD 算法借鉴了 Faster R-CNN 算法中 Anchor 的理念，使用应用于特征图的小卷积过滤器来预测一组固定的默认边界框的类别分数和框偏移量。为了达到较高的检测精度，SSD 算法从不同尺度的特征图中产生不同尺度的预测，并明确地按高宽比分离预测。这些设计特点使得端到端训练简单且精度高，甚至在低分辨率的输入图像上进一步提高了检测速度与精度。

（9）DSSD 算法。DSSD 算法的全称为 deconvolutional single shot detector。DSSD 算法将 SSD 算法的超分辨率测试序列（visual geometry group，VGG）网络用 Resnet-101 进行了替换，在分类回归之前引入了残差模块，在 SSD 算法添加的辅助卷积层后又添加了反卷积层形成“宽-窄-宽”的“沙漏”结构[135]。相比 SSD 算法，DSSD 算法在对小目标的检测上有了很大的提升。

综上所述，R-CNN 系列算法的精度和速度不断改进，但由于提取的候选框较多，计算过程存在大量重复操作，这种方法无法达到实时检测的要求。相比 R-CNN 系列算法，YOLO 系列算法检测物体的准确率和召回率较低，但实时性较强。而 SSD 算法，通过实验测试可见其性能比 YOLO 算法和 YOLO v2 算法好，虽然没有 YOLO v3 算法快，但是检测精度可以和 Faster R-CNN 算法媲美。DSSD 算法是 SSD 算法的一个改进分支，它主要是针对小目标不够鲁棒这一缺点进行的改进。不同的目标检测算法都有各自的优缺点，面对建筑构件自动检测问题时，需要考虑哪种目标检测算法最适用于建筑工程领域，并且可以成功实现迁移学习。

3.1.4　深度学习与目标检测技术在建筑工程中的应用

深度学习蓬勃发展，在图像分类、人脸识别、语音识别等方面取得了非凡的突破，基本上已经取代了以前的相关技术。与此同时，深度学习技术也被引入到工程项目管理领域，如人脸识别[136]、劳动力与设备跟踪[137]、头盔识别[138]、缺陷检测[139]、三维重建[140]等。

特别是在过去的几年里，已经出现许多使用深度学习对建筑物进行三维重建的研究。他们专注于材料识别和分类[141]、点云分割[142]和相机姿态回归[143]等领域。然而，该研究主题仍处于起步阶段，还有待进一步发展[144]。首先，深度学习的成功取决于数据集的可用性，但目前在 AEC 领域还没有大规模的数据集可用，尤其是标记数据集。为了获得更准确的结果，需要采集各种图像，尤其是那些难以识别的场景。但是，一个项目中的图像是相似的，如何结合 AEC 行业的众多项目，得到一个全面丰富的图像库进行训练，还有待进一步探索。其次，其他行业的图像与 AEC 行业的图像差异很大，由于在大型建筑物中的各个组件之间复杂的空间结构关系（如邻接、聚集和孔洞包含等）以及纹理和颜色等特征的微不足道的差异，一般的基于特征的物体检测算法不太适合建筑工程结构构件检测。最后，大多数最先进的技术都是在处理包含单个目标的图像，但建筑工地图像中的构件聚集在一起，存在大量遮挡、阴影和杂乱的场景。在这种场景下，如何结合深度学习设计合适的点云分割策略是研究的热点[145]。

随着深度学习的突破，目标检测技术取得了前所未有的发展。目标检测的任务是找出图像中所有感兴趣的目标（物体），并确定其类别和位置，这是计算机视觉领域的核心问题之一。在 AEC 行业，目标检测技术已应用于对建筑工人[146]、机器[147]、设备[148]和建筑构件[149]的检测和跟踪。

3.2　目标检测算法的选择与 DSOD 算法

上节研究阐述了机器学习、深度学习、目标检测与神经网络模型之间的关系，以及深度学习和目标检测方法在建筑工程中的应用。在对现有目标检测算法有了初步的了解后，若要选择与现浇混凝土建筑施工现场目标适配的神经网络模型，还必须对施工现场建筑结构目标检测的特点进行分析。

3.2.1　施工现场建筑结构目标检测的特点

施工现场建筑结构目标检测有别于常规的目标检测，如医学图像、人物、动物、植物、汽车等。施工现场建筑结构目标检测的目标一般具有以下四个特点：

（1）构件密度高，且相互重叠。与一般的图像相比，施工现场建筑结构图像中的目标更多。建筑构件相互连接构成建筑结构，不同层的构件在垂直方向上重叠。在拍摄施工现场建筑结构时，一幅图像中构件相互交错在一起，构件密度高。

（2）无法直接观察到构件本体。当前，建筑的施工方式以钢筋绑扎 + 现场浇筑混凝土为主，混凝土构件被模板紧紧包裹。通过视觉技术拍摄到是模板、木条、钢筋笼等，而不是混凝土构件本身。然而，在 AEC 领域，众多目标检测算法识别对象都是预制构件或已完工的混凝土构件，与现浇混凝土施工现场的可识别目标差异巨大。此外，为了防止物体的坠落，建筑物外围都设置了脚手架和防护网，这些设置将最新的施工进度遮挡起来。尤其是高层建筑，现场混凝土浇筑和连续施工是高层建筑的特点，这意味着无法从侧面直接观测到最新的施工进度。

（3）不同构件的特征差别小。在上述对可识别构件的分析中，标注的构件包括堆放的模板、带模板的墙或柱、带底模板的板、由模板围成的梁、板钢筋笼、梁钢筋笼、浇筑工具、混凝土墙/柱、混凝土板和混凝土梁等。一方面，在侧视图中，混凝土构件都是同一材质，只在外形上有区别。另一方面，在对俯视图中的构件进行标注时，只能标注未完工的构件，不同构件在外观上都表现为钢筋、模板和木条等，不同构件的特征差别不易区分。

（4）构件特征与一般目标差异大。常规目标检测实验中，目标的类型包括人物、动物、植物、建筑、汽车等。尽管可能存在相互重叠和遮挡的情况，但不同目标之间的特征较为明显，不同目标之间易于区分。因此，常规目标检测算法可以采用预训练 + 迁移学习的方式。然而，工程中的钢筋、模板和木条构成的辅助物的特征与一般的目标存在显著的差异：不同构件之间的特征差别小、构件之间相互连接、存在严重遮挡等。这些显著的差异使得研究者无法通过现有的图像集来训练适用的神经网络，必须重新构建典型场景的图像集合，从头开始训练。

综上，针对施工现场建筑结构目标检测的上述四个特点，为了寻找合适的神经网络结构，研究者阅读了大量的相关文献。研究发现，大多数目标检测算法都是从像 ImageNet 这样的图像数据库中预先训练好的模型中获取初始权重，然后通过微调建立最终的模型。这种方式有两个优点：一是许多模型都是开源的，可以直接用于目标检测；二是微调可以快速得到最终模型，所需的训练数据相对较少。然而，施工现场建筑结构图像中待检测目标的特征与自然对象之间存在着巨大差异，无法采用迁移学习的路径。因此，在众多目标检测算法中，选取了从零开始学习的深度监督对象检测器（deeply supervised object detectors，DSOD）作为目标检测模型，从现场图像中检测建筑构件。

3.2.2　DSOD 算法

深度监督对象检测器是由 Shen Zhiqiang 在 2017 年提出的一种多尺度无建议检测方法[150]。该方法的框架类似于 SSD 算法。其网络结构可分为两部分：用于特征提取的主干子网络和用于多尺度响应图预测的前端子网络。主干子网络是深度监督 DenseNets 结构的变体，由一个主干块（stem block）、四个密集块（dense block）、两个过渡层（transition layer）和两个过渡 w/o 池化层（transition w/o pooling layer）组成。完整的 DSOD 网络架构如表 3-1 所示。前端子网络（DSOD 预测层）将多尺度预测响应与精心设计的密集结构融合在一起。DSOD 预测层以及 SSD 算法中使用的多尺度预测图的平面结构如图 3-3 所示。

表 3-1　DSOD 网络架构

层		DSOD 结构/像素	输出尺寸
主干	卷积层	3×3 卷积核，步长为 2	64×150 像素×150 像素
	卷积层	3×3 卷积核，步长为 1	64×150 像素×150 像素
	卷积层	3×3 卷积核，步长为 1	128×150 像素×150 像素
	池化层	2×2 最大池化，步长为 2	128×75 像素×75 像素
密集块（1）		$\begin{bmatrix}1\times3\ \text{卷积核}\\3\times3\ \text{卷积核}\end{bmatrix}\times6$	416×75 像素×75 像素
过渡层（1）		1×1 卷积核	416×75 像素×75 像素
		2×2 最大池化，步长为 2	416×38 像素×38 像素
密集块（2）		$\begin{bmatrix}1\times3\ \text{卷积核}\\3\times3\ \text{卷积核}\end{bmatrix}\times8$	800×38 像素×38 像素
过渡层（2）		1×1 卷积核	800×38 像素×38 像素
		2×2 最大池化，步长为 2	800×19 像素×19 像素
密集块（3）		$\begin{bmatrix}1\times3\ \text{卷积核}\\3\times3\ \text{卷积核}\end{bmatrix}\times8$	1184×19 像素×19 像素

续表 3-1

层	DSOD 结构/像素	输出尺寸
过渡 w/o 池化层（1）	1×1 卷积核	1120×19 像素×19 像素
密集块（4）	$\begin{bmatrix} 1\times3 \text{ 卷积核} \\ 3\times3 \text{ 卷积核} \end{bmatrix}\times8$	1568×19 像素×19 像素
过渡 w/o 池化层（2）	1×1 卷积核	1568×19 像素×19 像素
DSOD 预测层	全连接	—

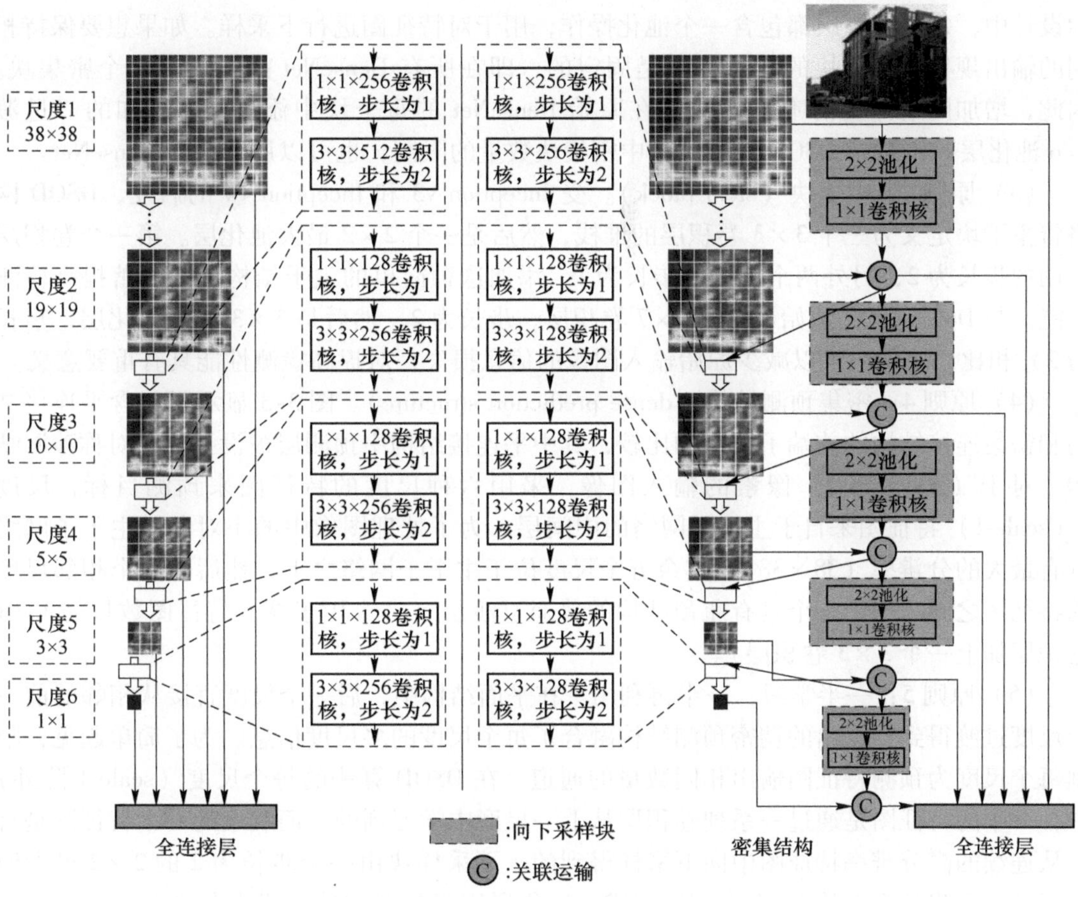

图 3-3 包含全连接层和密集结构的 DSOD 预测层（300×300 输入）

DSOD 网络架构的设计原则如下：

（1）原则 1：无建议（proposal-free）。根据是否建议候选区域，先进的基于卷积神经网络的物体检测器可以分为三类：1）R-CNN 算法和 Fast R-CNN 算法需要外部对象建议生成器，比如选择性搜索；2）Faster R-CNN 算法和 R-FCN 算法要求综合的区域建议网络（regional proposal network，RPN）生成相对较少的候选区域；3）YOLO 算法和 SSD 算法是单发（single-shot）的且无区域建议的方法，它们将对象位置和边界框坐标统一作为回归问题处理。三种方法中，只有第三种方法可以在没有预先训练模型的情况下成功收敛，DSOD 网络架构的设计采用了这种无区域建议的方法。

（2）原则2：深度监督（deep supervision）。深度监督学习的有效性已在 Szegedy 等人的方法中得到证明[151]。其核心思想是，提供综合目标函数作为对早期隐藏层的直接监督，而不仅仅是在输出层。这些在多个隐藏层上的“伴生”或“辅助”目标函数可以缓解梯度消失的问题。在 DSOD 网络中，使用了 DenseNet 中介绍的密集层连接来实现深度监督[152]。当一个块中所有前面的层都连接到当前层时，块称为密集块。因此，DenseNet 中的早期层可以通过跳过连接从目标函数接收额外的监督。尽管网络顶部只需要一个损耗函数，但所有层（包括早期层）仍然可以不受阻碍地共享受监督的信号。网络中引入了“过渡 w/o 池化层”是为了在不降低最终特征图分辨率的情况下增加密集块的数量。在 DenseNet 的原始设计中，每个过渡层都包含一个池化操作，用于对特征图进行下采样。如果想要保持相同的输出规模，密集块的数量必须是固定的，即在所有 DenseNet 架构中有 4 个密集块。因此，增加网络深度的唯一方法是在原始 DenseNet 的每个块中添加层。添加的“过渡 w/o 池化层”消除了 DSOD 体系结构中密集块数量的限制，也可以用于标准 DenseNet。

（3）原则3：主干块（stem block）。受 Inception v3 和 Inception v4 的启发，DSOD 网络将主干块定义为三个 3×3 卷积层的堆栈，然后是一个 2×2 最大池化层。第一个卷积层使用的步长为2，另外两个使用的步长为1。添加这种简单的主干结构可以显著提高检测性能。与 DenseNet 的原始设计（7×7 卷积层，步长为2，然后是 3×3 最大池化层，步长为2）相比，主干块可以减少原始输入图像的信息损失，对提高检测性能具有重要意义。

（4）原则4：密集预测结构（dense prediction structure）。图 3-3 显示了包含平连接结构和密集连接结构的前端子网络的比较，其中平连接结构中预测层被设计为非对称沙漏结构。对于（300×300）像素的输入图像，采用六种尺度的特征图来预测目标，尺度1（scale-1）特征图来自于主干子网络的中间层。为了处理图像中的小对象，主干子网络具有最大的分辨率（38×38），其余五个尺度位于主干子网络之上，然后在两个相邻尺度的特征图之间采用了一个具有瓶颈结构的普通过渡层（一个用于减少特征图数量的 1×1 卷积层加上一个 3×3 卷积层）。

（5）原则5：一半学习，一半再利用。在平面结构中，后一个尺度直接从相邻的前一个尺度过渡得到，提出的稠密预测结构融合了每个尺度的多尺度信息。为了简单起见，限制每个尺度为预测特征图输出相同数量的通道。在 DSOD 算法的每个尺度（scale-1 除外）中，一半的特征图是通过一系列卷积层从上一尺度中学习到的，而剩余的一半特征图是直接从连续的高分辨率特征图中向下采样得到的。下采样块由一个步长为 2 的 2×2 最大池化层和一个步长为 1 的 1×1 卷积层组成。池化层用于将图像的分辨率与当前分辨率大小相匹配，1×1 卷积层用于将通道数减少 50%。为了降低计算成本，将池化层置于 1×1 卷积层之前。下采样块实际上为每个尺度带来了之前所有尺度的多分辨率特征图，这与 DenseNet 中引入的密集分层连接基本相同。对于每个尺度，只学习新特征图的一半，并重用之前特征图的剩余一半。与平连接结构相比，这种密集的预测结构可以以更少的参数产生更准确的结果。

综上所述，DSOD 算法采用 DenseNet 中提出的密集分层连接隐式地进行深度监督，而不是使用带有侧输出层的多个切入损耗信号。密集结构不仅适用于主干子网络，也适用于前端多尺度预测层。多尺度特征图的融合和重用有助于保持甚至提高最终精度，同时在一定程度上减少模型参数。更重要的是，DSOD 算法是第一个能够以最先进的性能从无到有地训练目标检测网络的框架，即使训练数据有限。它克服了传统的基于预训练和微调的检测器训练障碍，通过使用有限的数据集和从头开始的训练，获得最高水平的目标检测器。

此外，在 DSOD 神经网络原始训练中，除“Person”目标的数量较多外，其他类别样本个数并不多。在如此小的数据集上，深度学习能获得较高的分类识别结果，足以说明深度学习的强大性能。

3.2.3 改进 DSOD 算法

基于上述分析，DSOD 算法中已构建了较为完善的神经网络，但将该神经网络应用于检测建筑构件时面临着图像尺寸和目标密度不一致的问题。因此必须进一步改进模型，以适应本书中具有典型特征的施工现场建筑结构图像。

DSOD 算法原始的训练数据集为 PASCAL VOC 2007、PASCAL VOC 2012 和 MS COCO。图片的像素尺寸大小不一，但是横向图的尺寸约为（500×375）像素，纵向图的尺寸约为（375×500）像素，偏差一般不超过 100 像素。在之后的训练中，这些图片将被重置为（300×300）像素。而本书中，施工现场建筑结构图像尺寸一般较大，图像中建筑构件的尺寸相对较小。例如，无人机采集图像的最小尺寸为（960×544）像素。为了得到更好的训练效果，本书在原 DSOD 神经网络的基础上增加一层卷积层，提高了输入图像的尺寸。改进后的 DSOD 算法架构如表 3-2 所示。

表 3-2 改进 DSOD 算法架构

层		DSOD 结构/像素	输出尺寸
主干	卷积层	3×3 卷积核，步长为 2	64×300 像素×300 像素
	卷积层	3×3 卷积核，步长为 2	64×150 像素×150 像素
	卷积层	3×3 卷积核，步长为 1	64×150 像素×150 像素
	卷积层	3×3 卷积核，步长为 1	128×150 像素×150 像素
	池化层	2×2 最大池化，步长为 2	128×75 像素×75 像素
密集块（1）		$\begin{bmatrix}1\times3\text{ 卷积核}\\3\times3\text{ 卷积核}\end{bmatrix}\times6$	416×75 像素×75 像素
过渡层（1）		1×1 卷积核	416×75 像素×75 像素
		2×2 最大池化，步长为 2	416×38 像素×38 像素
密集块（2）		$\begin{bmatrix}1\times3\text{ 卷积核}\\3\times3\text{ 卷积核}\end{bmatrix}\times8$	800×38 像素×38 像素
过渡层（2）		1×1 卷积核	800×38 像素×38 像素
		2×2 最大池化，步长为 2	800×19 像素×19 像素
密集块（3）		$\begin{bmatrix}1\times3\text{ 卷积核}\\3\times3\text{ 卷积核}\end{bmatrix}\times8$	1184×19 像素×19 像素
过渡 w/o 池化层（1）		1×1 卷积核	1120×19 像素×19 像素
密集块（4）		$\begin{bmatrix}1\times3\text{ 卷积核}\\3\times3\text{ 卷积核}\end{bmatrix}\times8$	1568×19 像素×19 像素
过渡 w/o 池化层（2）		1×1 卷积核	1568×19 像素×19 像素
DSOD 预测层		全连接	—

3.3　识别器训练与优化

在标注样本数据并选定识别器网络模型后，开始搭建神经网络并对识别器进行训练。训练过程是一个重复且单调的过程，本节重点介绍训练中的关键步骤和基本信息。

（1）数据增强。神经网络的好坏与训练样本量有关，训练复杂的神经网络需要大量的训练样本。受限于行业环境和研究条件，大量采集和标注训练样本成本高难度大，而数据增强（data augmentation）不仅可以间接提高样本本量，还可以充分利用现有数据中包含的信息。因此，对训练样本做数据增强操作，包括调整大小、缩放、翻转、裁剪、移动、明暗调整、色调调整等。

（2）训练环境。本书使用了实验室的工作站来训练和测试 DSOD 模型。系统硬件环境配置为 i7-8700@ 3. 20 GHz 中央处理器（central processing unit，CPU）、16 GB DDR4 内存和 8 GB 显存的 GeForce RTX 3080 Ti 图形处理单元（graphics processing unit，GPU）；系统的软件环境配置为 Python 3、Keras 2. 1. 6、TensorFlow 1. 12. 0、CUDA 9. 0 和 CUDNN7. 3. 1。系统硬件和软件环境配置参数如表 3-3 所示。

表 3-3　软硬件环境配置参数

硬件/软件		配置参数
硬件	CPU	i7-8700@ 3. 20 GHz
	内存	16 GB DDR4
	GPU	GeForce RTX 3080 Ti
	显存	8 GB
软件	编程语言	Python 3
	深度学习框架	Keras 2. 1. 6、TensorFlow 1. 12. 0
	GPU 计算架构	CUDA 9. 0
	GPU 加速库	CUDNN7. 3. 1

（3）参数设定与训练过程。训练集包含 5000 幅图像，验证集包含 418 幅图像，测试集包含 300 幅图像。在学习率为 0. 001、动量为 0. 90、权重衰减为 0. 0001 的情况下，训练过程采用了总共 100 个阶段的联合训练策略，其中 10 个阶段用于微调网络头，90 个阶段用于训练网络的所有层。使用两个 GeForce RTX 3080 Ti GPU 的训练过程约为 31. 5 h，使用 CPU 模式的训练过程超过 72 h。在 GPU 模式下，检测一幅图像所需的时间为 4 s，在 CPU 模式下为 10 s 以上。

（4）训练结果。经过训练的识别器，可以从施工现场建筑结构图像中检测建筑构件（包括类型、状态和位置），如图 3-4 所示。目标识别产生的位置框为矩形，导出矩形四个角点在图像中的坐标用于位置配准。

(a) (b)

图 3-4 检测识别结果示例

(a) 立面；(b) 平面

3.4 建筑构件检测器性能分析

经过对识别器的训练与优化后，得到了建筑构件检测器。为了验证该检测器在实际检测过程中的有效性和鲁棒性，本节将从多个角度对该检测器的性能进行分析。同时，为了确保评价结果的科学有效性，真实反映检测器的检测性能，采用目标检测领域常用的评价工具与指标，包括检测准确率、检测精确率、召回率、平均精度、交并比、精度-召回率曲线和检测速度。

3.4.1 准确性分析

为了便于阐述检测准确率、精确度和召回率的基本含义，首先引入几个基本概念：TP（true positive）表示被正确划分为正例的个数，即实际为正例且被分类器划分为正例的实例数（样本数）；FP（false positive）表示被错误划分为正例的个数，即实际为负例但被分类器划分为正例的实例数；FN（false negative）表示被错误地划分为负例的个数，即实际为正例但被分类器划分为负例的实例数；TN（true negative）表示被正确地划分为负例的个数，即实际为负例且被分类器划分为负例的实例数。它们之间的关系（即混淆矩阵）如表 3-4 所示。

表 3-4 混淆矩阵

样本属性	预测为正样本（positive）	预测为负样本（negative）
正样本	true positive（真正，TP）	false negative（假负，FN）
负样本	false positive（假正，FP）	true negative（真负，TN）

Accuracy 表示准确率，用于表示全部预测结果中正确预测结果占的比例，其计算公式为预测结果中预测正确的样本与所有样本的比值，即

$$\text{Accuracy}=\frac{TP+TN}{TP+FP+FN+TN} \tag{3-1}$$

Precision 表示精确率，也被称为精度，用于表示预测的结果中有多少样本是正确的，

其计算公式为预测样本中实际正样本数与所有的正样本数的比值（当 Precision = 100% 时，表示没有误检），即

$$\text{Precision} = \frac{TP}{TP + FP} \tag{3-2}$$

Recall 表示召回率，用于表示预测的结果中有多少正样本被正确检测出来，其计算公式为预测样本中实际正样本数与预测的样本数之比（当 Recall = 100% 时，表示没有漏检），即

$$\text{Racall} = \frac{TP}{TP + FN} \tag{3-3}$$

基于上述概念，分析得到的建筑构件检测器的准确率、精度和召回率。图片被人为地划分为俯视、侧视和其他三类。其中，无法归为俯视和侧视的图像统一划分到其他类。不同视角下三个指标的结果如表 3-5 所示。标注时未标注负样本，因此 TN 值统一为 0。

表 3-5　不同视角建筑构件检测器的准确率、精度及召回率分析

视角	构件数/个	TP/个	FP/个	FN/个	准确率/%	精度/%	召回率/%
俯视	16260	12280	3368	3980	62. 56	78. 48	75. 52
侧视	9461	7252	1810	2209	64. 34	80. 03	76. 65
其他	25592	19480	4857	6112	63. 98	80. 04	76. 12
总计/平均	51313	39012	10035	12301	63. 59	79. 54	76. 03

由表 3-5 可知，建筑构件检测器的平均准确率为 63. 59%。其中，侧视图中建筑构件检测的准确率最高为 64. 34%；俯视图中建筑构件检测的准确率为 62. 56%。从检测结果的精度看，平均精度为 79. 54%，侧视图和其他视图中的检测精度相当，分别为 80. 03% 和 80. 04%，高于俯视图中的精度。从检测结果中的召回率看，平均召回率为 76. 03%。总体来看，俯视图中的检测效果略差，但与效果最好的侧视图相比差距较小，因此视角对建筑构件检测器性能的影响较小。

DSOD 算法原实验训练集为 PASCAL VOC 2007、PASCAL VOC 2012 和 MS COCO，分别包含了 9963、11530 和 328000 张标注图像，数据集中的目标种类分别为 20、20 和 80。与 DSOD 算法原实验的数据规模相比，本书中的标注图像为 5718，少于原实验中的训练数据；标注对象的类别为 10，远小于原实验中需要检测的目标种类数量。与 DSOD 算法原检测结果相比，本次实验得到的检测精度为 79. 54%，介于原实验中两种数据集产生的结果之间（07 + 12 中为 77. 7%，07 + 12 + COCO 中为 81. 7%）。

上述研究分析了拍摄视角对检测结果的影响，但对于不同构件来说，特征差异较大，检测效果的差异也十分明显。因此，本书进一步分析了建筑构件检测器在识别不同构件时表现出的性能，三个指标的结果如表 3-6 和图 3-5 所示。

表 3-6　不同建筑构件检测器的准确率、精度及召回率分析

阶段	构　件	构件数/个	TP/个	FP/个	FN/个	准确率/%	精度/%	召回率/%
准备	堆放的模板	724	503	117	221	59. 81	81. 13	69. 48
立面施工	带模板的墙或柱	2736	1742	840	994	48. 71	67. 47	63. 67

续表 3-6

阶段	构件	构件数/个	TP/个	FP/个	FN/个	准确率/%	精度/%	召回率/%
平面支模	带底模板的板	2490	2183	283	307	78.72	88.52	87.67
	由模板围成的梁	4316	3637	484	679	75.77	88.26	84.27
平面钢筋绑扎与混凝土浇筑	板钢筋笼	6574	4900	1270	1674	62.47	79.42	74.54
	梁钢筋笼	12342	8889	2844	3453	58.53	75.76	72.02
	浇筑工具	27	20	0	7	74.07	100.00	74.07
模板移除	混凝土墙或柱	10525	8204	1950	2321	65.76	80.80	77.95
	混凝土板	3057	2246	683	811	60.05	76.68	73.47
	混凝土梁	8522	6688	1564	1834	66.31	81.05	78.48
总计/平均		51313	39012	10035	12301	63.59	79.54	76.03

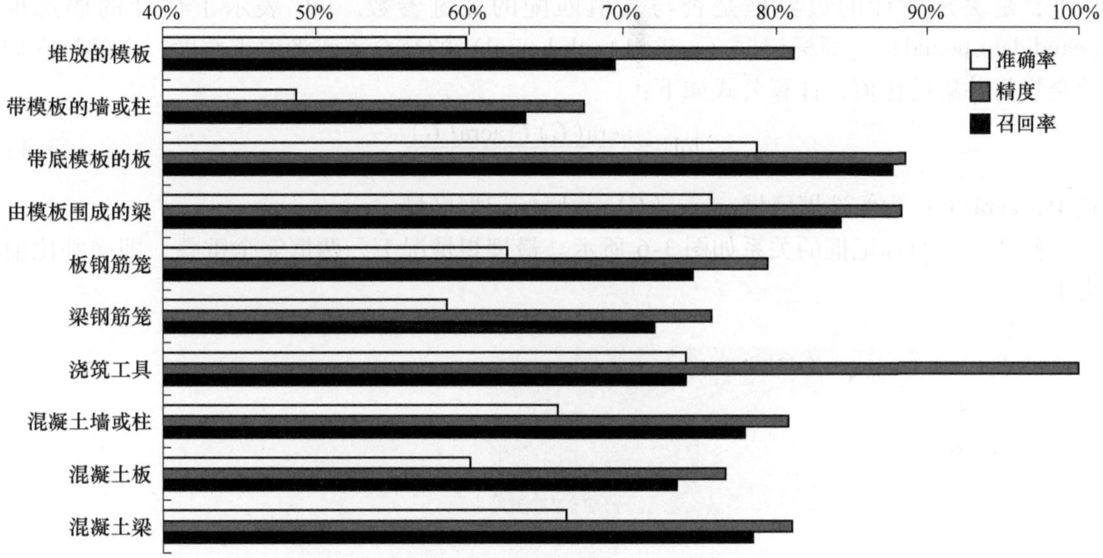

图 3-5 不同建筑构件检测器的准确率、精度及召回率对比

由表 3-6 和图 3-5 可知，建筑构件检测器在检测不同构件时表现出的差异较大。从检测结果的准确率角度来看，建筑构件检测器在识别“带模板的墙或柱”时表现出最低的准确率，仅有 48.71%；在平面支模阶段的准确率最高，超过 75%；在其他阶段，除“浇筑工具”外，检测准确率处于 58%～67%。从检测结果的精度来看，检测精度普遍高于 75%；平面支模阶段两种构件的检测精度超过 88%，为除“浇筑工具”以外达到的最高水平。从检测结果的召回率角度来看，准备阶段和立面施工阶段的召回率都比较低，分别为 69.48% 和 63.67%；平面支模阶段的召回率都超过 84%；其他阶段的构件召回率高于 70% 且低于 80%。总体来看，建筑构件检测器在平面支模阶段的检测效果最优，其次是模板移除阶段，准备和立面施工阶段最低。

在 DSOD 算法原始训练结果中，不同构件的检测效果差距较大。20 类目标中，检测精度最低的为 49.5%，最高的为 92.1%；而增加 MS COCO 数据集后，检测精度略有提高，最低的为 57.7%，最高的为 90.5%，平均提高了 3 个百分点。与 DSOD 原实验结果相比，本实验得到的结果中，除浇筑工具外，检测精度处于 67%~89%，变化幅度较小。

上述结果表明，受限于实验条件、图像类型和数据集规模等因素，本实验中检测结果的准确率略低于 DSOD 算法原始训练结果。但训练得到的目标检测器在准确率指标上可以媲美原始结果，达到了预期的效果，实现了对现浇混凝土建筑施工现场结构构件的准确识别。

在上述分析中，建筑构件检测器的准确率、精确率和召回率等性能指标的结果受算法所选交并比（intersection-over-union，IoU）的影响，因此十分有必要分析不同交并比条件下的检测结果，并确定最佳的交并比数值。

3.4.2　交并比分析

交并比是目标检测中使用的概念，是一种测量在特定数据集中检测相应物体准确率的标准，是决定估计的边界框是否与真值匹配的关键参数。IoU 表示了估计的候选框（candidate bound）与原标记框（ground truth bound）的交叠率或者说重叠度，也就是它们的交集与并集的比值，计算公式如下：

$$\mathrm{IoU} = \frac{\mathrm{aera}(C) \cap \mathrm{aera}(G)}{\mathrm{aera}(C) \cup \mathrm{aera}(G)} \tag{3-4}$$

式中，aera(C) 为候选框区域；aera(G) 为原标记框区域。

候选框与原标记框的关系如图 3-6 所示。最理想情况下，两框完全重叠，即交并比值为 1。

图 3-6　候选框与原标记框之间的关系

精度-召回率（precision-recall，P-R）曲线是以 precision 和 recall 分别作为纵坐标和横坐标的二维曲线，通过选取不同阈值时对应的精度和召回率画出。其总体趋势为，精度越高，召回率越低。当召回率达到 1 时，对应概率分数最低的正样本，这时正样本数量除以所有大于或等于该阈值的样本数量就是最低的精度值。

AP（average precision）表示平均精确率，即 P-R 曲线围起来的面积。通常，一个越好的分类器，AP 值越高。AP 的计算公式如下：

$$\mathrm{AP} = \int_0^1 P(R)\mathrm{d}(R) \tag{3-5}$$

式中，R 为召回率；P 为精度对召回率的函数。

mAP（mean average precision）即所有类 AP 的平均值，是对多个验证集个体求平均

AP 值，作为目标检测中衡量检测精度的指标。mAP 的计算公式如下：

$$\mathrm{mAP} = \frac{1}{\mathrm{classes}}\sum_{i=1}^{\mathrm{classes}} \mathrm{AP}_i \tag{3-6}$$

式中，classes 为检测目标数；AP_i 为检测第 i 类目标的平均精度。

FP、TP 的值受 IoU 阈值设置的影响，当阈值设置的较大时，意味着对预测结果的要求较高，这使得 Precision 的值很高，而 Recall 的值很低（放弃了一些得分较低的 TP 样本）。当阈值设置较小时，对预测结果的要求降低，Precision 的值很低，Recall 的值很高。Recall 高 Precision 低或 Recall 低 Precision 高都不是最理想的结果，mAP 的值可以衡量 Precision 和 Recall 总体的优劣。

下面对训练好的 DSOD 网络在不同 IoU 值下的性能进行评估。P-R 曲线是在一个包含 300 个图像的测试集上绘制的，IoU 分别为 0.5 和 0.75。AP 在 Pascal VOC 评估模式下计算得到，IoU 为 0.5 和 0.75 的测试集的 mAP 分别为 0.794 和 0.747，如图 3-7 所示。

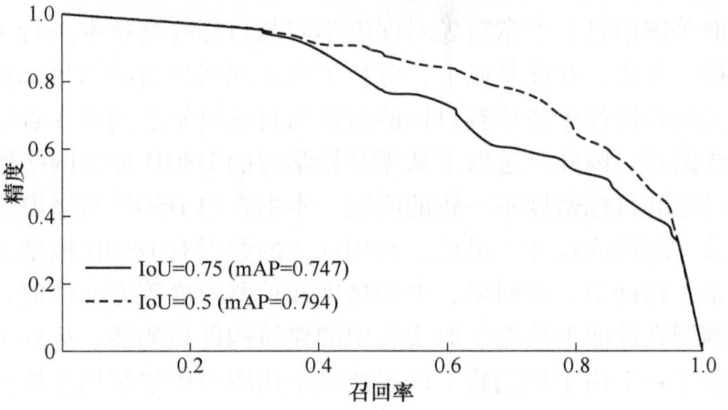

图 3-7 精度-召回率曲线

基于上述分析结果，采用 IoU 为 0.5 来应用 DSOD 网络。

3.4.3 检测速度分析

上述分析对建筑构件检测器检测结果的好坏进行了评判。除了检测结果好坏外，目标检测算法的另一个重要的性能指标是检测速度。检测速度快才能实现实时的检测，这对于一些对信息时效性要求高的应用场景来说是极其重要的。评估建筑构件检测器速度的一个常见指标是每秒帧数（frame per second，FPS），即每秒可以处理的图片数量。值得注意的是，FPS 比较必须在相同的硬件上进行。此外，处理一张图片所消耗的时间也可以用来评估建筑构件检测器的速度，时间越短，速度越快。

本实验中训练得到的建筑构件检测器的检测速度性能如表 3-7 所示。图片被人为地划分为俯视、侧视和其他三类。其中，无法归为俯视和侧视的图像统一划分到其他类。总体来看，算法的每秒帧数约为 15.21，300 张图像的平均检测时间为 65.75 ms。在俯视、侧视和其他三类图像的对比中，俯视图的检测速度最慢，侧视图的检测速度最快，FPS 分别为 14.49 帧/s 和 15.98 帧/s。在 DSOD 算法原实验中，建筑构件检测器的检测速度为 17.4 帧/s，本实验中检测器的检测速度为 15.21 帧/s，略低于 DSOD 算法原实验结果。

表 3-7　建筑构件检测器速度分析

图片视角	图片数量/个	FPS/帧 · s^{-1}	平均检测时间/ms
俯视	96	14.49	69.01
侧视	77	15.98	62.58
其他	127	15.29	65.40
总计/平均	300	15.21	65.75

上述结果表明，本书训练得到的目标检测器在检测速度指标上与 DSOD 原实验结果相近，达到了预期的效果，实现了对现浇混凝土建筑施工现场结构构件的快速识别。

3.5 本 章 小 结

为了训练与现浇混凝土建筑结构目标适配的神经网络模型，从而准确识别图像中的建筑构件、快速提取关键信息，本章首先对深度学习与目标检测技术进行了分析，了解了各类算法的基本架构。其次，在此基础上，分析了施工现场建筑结构目标检测的特点，结果表明施工现场建筑结构图像中待检测目标的特征与自然对象之间存在着巨大差异，无法采用迁移学习的训练路径。因此，选取了从零开始学习的 DSOD 神经网络作为建筑构件检测模型。针对图像尺寸和目标密度不一致的问题，本书在原 DSOD 网络模型的基础上增加一层卷积层，提高输入图像的尺寸。最后，利用标注的数据对 DSOD 模型进行了训练，并分析了算法在准确率、精确率、召回率、平均精度和检测速度等方面性能，结果表明训练得到的建筑构件检测器在性能上接近于原实验中的建筑构件检测器，达到了预期效果。

本章最终得到了一个用于识别施工现场建筑结构图像中建筑构件检测器，这一检测器为施工进度的自动化采集和建筑结构的即时重建提供了有利工具。但是，如何利用这一工具获取可用于建筑结构即时模型重建所需的进度数据是本书面临的又一关键问题。

4 建筑结构构件即时三维粗配准定位方法

建筑结构检测器实现了对现浇混凝土建筑结构图像中结构构件的识别，为建筑结构即时模型重建研究提供了基础工具。但是，识别产生的结果是凌乱琐碎的单个构件信息，无法确定识别结果对应的实际建筑构件，图像中的信息与建筑结构模型无法建立联系。因此，如何建立统一的映射系统、确定图像中的构件在三维空间中的位置、将识别结果转换为构件的建造程度信息，进而实现建筑结构模型的即时重建就成为需要进一步解决的关键问题，也是本章所要研究和解决的主要内容。

为此，本章将构建施工进度信息采集模型，该模型共包括六个环节：建筑构件检测器训练、BIM 模型准备、相机标定、标定结果校准、识别与配准和进度推理。其中，建筑构件检测器训练已在上文中详细阐述；标定结果校准作为模型的辅助环节，将在第五章中介绍。本章将重点介绍模型中的其余四个环节，分析其设计思路和原理，形成自动化的施工进度信息采集方法。在全面介绍施工进度信息采集方法之前，必须首先了解该领域相关的基本概念和术语，其中最为关键的就是各类信息丰富的表现形式。因此，本章将首先对该领域的基本信息表示形式进行介绍，为后文论述奠定基础。

4.1 信息的表示

在基于图像的施工进度信息采集领域，信息的表示形式多种多样，如 2D/3D/4D 模型、进度表、物理和逻辑关系、图像和视频、点云、轮廓（contour）、块（patch/mask）等。根据信息的来源，这些信息大致可分为三类：计划信息、已完工信息和衍生信息。

（1）计划信息。计划信息也被称为 As-plan 信息，表示在计划阶段产生的或在工程实施前已存在的信息，包括 2D/3D/4D 模型、进度计划表、物理和逻辑关系等。其中，2D/3D/4D 模型用于描述计划的过程和预期状态，其核心作用在于设定一个参照标准以指导工程实践；进度计划表和每周工作计划用于表示项目的实施过程，通常与 3D 模型结合形成动态的 4D 模型；物理和逻辑关系常用于辅助决策。物理关系表示模型中几何图元之间的空间连接关系，包括聚合关系（aggregation relationships）、拓扑关系（topological relationships）和方向关系（directional relationships）；而逻辑关系表示由于流程或技术要求，建筑构件之间的顺序关系，如在单代号网络图与双代号网络图中不同施工活动之间的顺序关系[153]。

（2）已完工信息。已完工信息也被称为 As-built 信息，表示从施工现场采集得到的与实际施工活动和建筑实体相关的信息，包括摄影图像、视频、深度图像、激光点云等。其中，图像是一种最常见的已完工信息，包括摄影图像、视频和深度图像。随着智能设备和配备摄像头的平台的发展，建筑工地上记录的图像和视频数量呈指数级增长[154]；与普通照片相比，深度相机生成的 RGB-D 图像包含深度信息，这使得点云可以快速从图像中直接生成[155]；此外，激光点云是利用激光扫描仪扫描后得到的三维模型，是表示已完工模型的常用方法[156]。

（3）衍生信息。衍生信息是计划信息和已完工信息经过处理后得到的抽象信息，为重建过程中的推理提供支持，包括图像点云、点云轮廓、纹理小块等。其中，图像点云是从图像或视频中提取的一种常见衍生信息，通过拍摄实时视频或延时图像，并利用特征检测、特征匹配和单应变换等方法对齐连续帧或图像，可生成图像点云[100]；点云轮廓是指将点云投影到平行于地板/墙壁的平面上并通过 Suzuki 的算法提取的建筑物轮廓，该轮廓可用于推断墙壁、门、窗或其他孔洞[157]；纹理小块是将 3D 模型元素投影到图像平面上并将图像分割成小块后形成的，可用于构建建筑施工材料库（construction material library，CML）和训练材料分类模型[158]。

4.2 施工进度信息采集模型

施工进度信息采集模型从目标检测结果中提取进度信息，为建筑结构即时模型重建提供建筑构件的构造程度信息，其关键为定位目标检测结果在三维空间中的位置。由于目标检测只能精确到一个大致的矩形区域，无法与三维构件在平面中的投影完全重叠，因此本书提出“粗配准”算法，即通过判定两者在平面上位置的相近程度来评估匹配结果。

4.2.1 基于三维粗配准算法的施工进度信息采集模型概述

基于三维粗配准算法的施工进度信息采集模型集成了多种技术，在目标检测的基础上配准检测结果与 BIM 元素，实现构件的定位和自动化的进度统计。其基本思路为：利用目标检测技术从施工现场建筑结构图像中识别构件；通过摄像机标定确定摄像机内外部参数并建立投影模型，将 BIM 元素的坐标通过投影模型投影到成像平面；最后将图像识别产生的位置框与数据库对比，定位构件，从而推断施工进度。为了明确该模型的适用范围和使用条件，本书设定了 4 条约束：（1）建筑为高层，采用现场浇筑混凝土的施工方式。（2）施工现场建筑结构四周被防护网遮挡，无法从侧面直接观测到构件。（3）施工层上方有塔吊，可以用于布置相机。（4）追踪的进度为建筑主体结构的施工进度。

基于上述思路和约束，本书构建了基于三维粗配准算法的施工进度信息采集模型，包括建筑构件检测器训练、BIM 模型准备、相机标定、标定结果校准、识别与配准和进度推理 6 个主要步骤，其技术路线如图 4-1 所示。

（1）步骤 1：建筑构件检测器训练。采集用于训练目标检测算法的图像集，采集的图像应尽可能包含构件所有可能存在的形态（不同角度、不同距离、不同干扰条件等）；选择合适的目标检测算法，训练建筑构件检测器。具体步骤已在本书第 2 章和第 3 章中详细介绍。

（2）步骤 2：BIM 模型准备。建立统一的世界坐标系，为相机投影模型参数的确定提供依据；获取 BIM 元素所有角点三维坐标信息，构建 BIM 元素的三维位置库。具体步骤将在本章 4.3 节中详细介绍。

（3）步骤 3：相机标定。从不同角度对标定板进行拍摄，使用 Matlab 中的相机标定工具确定相机内部参数；拍摄初始图像，设定已知点，计算初始图像对应的外部参数；利用

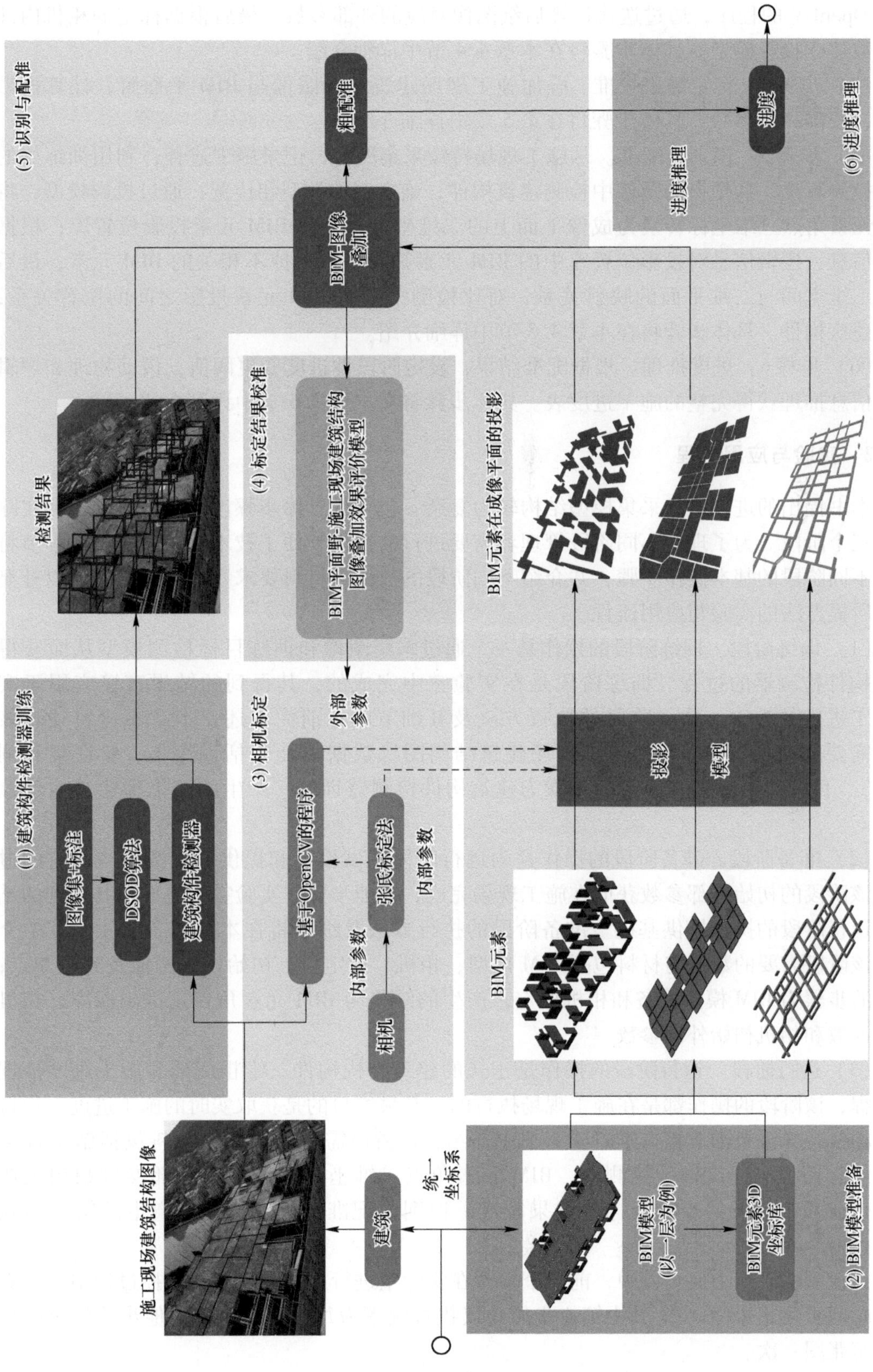

图 4-1 建筑结构构件三维粗配准及进度推理方法

基于 OpenCV 的程序，通过迭代计算后续图像对应的外部参数；最后根据标定的相机内外部参数建立投影模型。具体步骤将在本章 4.4 节中详细介绍。

（4）步骤 4：标定结果校准。叠加施工现场建筑结构图像与 BIM 平面野，计算投影偏差，校准相机参数。具体步骤将在第 5 章中详细介绍。

（5）步骤 5：识别与配准。从施工现场持续采集图像，记录施工过程；利用训练好的目标检测算法，从拍摄的图像中检测建筑构件，确定构件类型和位置；通过投影模型，将 BIM 元素角点三维坐标转换为成像平面上的二维坐标，建立 BIM 元素投影位置库；根据物理信息、逻辑信息对投影位置库中的 BIM 元素筛选，排除掉不相关的 BIM 元素；最后基于三维空间与二维平面的映射关系，对比检测结果与 BIM 元素投影之间的位置关系，定位建筑构件。具体步骤将在本章 4.5 节中详细介绍。

（6）步骤 6：进度推理。根据配准结果，设定阶段性进度变更阈值，借助物理和逻辑辅助信息推理获得完整的施工进度表。具体步骤将在本章 4.6 节中详细介绍。

4.2.2　实验与应用流程

本书提出的进度信息采集模型结构较为复杂，包含的具体步骤涉及训练、准备和实际运行三个阶段。为了理清不同阶段管理者需要进行的操作，便于技术的推广应用，本节将梳理不同阶段的基本操作步骤，并介绍不同阶段的数据与材料要求和产生的结果，以补充说明所提方法的实验与应用流程。

（1）训练阶段。训练阶段的操作是一个通过采集图像和训练目标检测模型从而获得建筑构件检测器的过程。训练阶段是在实验室中完成的，其得到的结果直接应用于实际施工进度监控中。这一阶段的执行方法及其细节已在前面叙述，本章不再赘述。该阶段需要的数据与材料包括施工现场建筑结构图像数据集（包括训练集、验证集和测试集）、目标检测算法；涉及的步骤为建筑构件检测器训练；产生的结果为建筑构件检测器。

（2）准备阶段。准备阶段的操作是为运行阶段调试设备和提供基础数据与材料的过程，该阶段的初始外部参数获取在施工现场完成，其他步骤在实验室中完成，其得到的结果为运行阶段的操作提供基础。准备阶段的执行方法及细节将在本章 4.3 和 4.4 节中介绍，该阶段需要的数据与材料包括 BIM 模型、相机、标定板、初始场景图像及其已知点；涉及的步骤为 BIM 模型准备和相机标定；产生的结果为 BIM 元素角点三维坐标库、相机内部参数和相机初始外部参数。

（3）运行阶段。运行阶段的操作是正式的建筑结构构件三维粗配准和施工进度推理的过程，该阶段的操作都是在施工现场执行的，其最终目的是获取实时的施工进度。运行阶段的执行方法及细节将在本章 4.5 节中介绍，该阶段需要的数据与材料包括施工现场建筑结构图像、建筑构件检测器、BIM 元素角点三维坐标库、相机内部参数和相机初始外部参数；涉及的步骤为标定结果校准、识别与配准和进度推理；产生的结果为施工进度。

在模型的 6 个主要步骤中，前 3 个步骤在实验室进行。在实际施工监控过程中，每隔一段时间重复第 4 ~6 步。其中第 4 步的建议执行频率为每月一次，而其他步骤的执行频率为每张图一次。

4.2.3 自动化与重复性

即时的建筑结构三维重建要求采集到的施工进度信息必须是实时的，这要求施工进度信息采集工作的高度自动化。在本书提出的施工采集模型中，许多步骤涉及到人工参与操作的部分，包括目标检测器训练、摄像机校准、粗配准和进度推理等。人工参与程度越高意味着工作量的增加，这不仅会降低方法的运行效率，还会影响方法的推广应用潜力。因此，本节将重点分析所提模型的自动化程度和重复性水平，为达到即时建模的目的提供技术支持。

在建筑构件检测器训练阶段，由于现有的图像数据库还不够完善，当有新的数据可以补充时，可以进一步扩大数据库规模，继续训练算法，甚至改进算法，从而提高识别的准确率。训练形成的建筑构件检测器具有通用性，应满足各种施工场景的需求，所以当建筑构件检测器得到深度训练后，可以直接被应用于新的场景中，无需重复训练。

在 BIM 模型准备阶段，BIM 模型可根据实际情形构建。当工程设计时已建立 BIM 模型，可以直接应用该模型。BIM 元素角点可以人工提取也可以从 BIM 模型中导出工业基类标准（industry foundation classes，IFC）文件，再利用算法从 IFC 文件中自动化提取每个元素的角点三维坐标。该阶段两个具体步骤都是在实验室一次性完成的，重复次数少，需要人工参与的程度低。

在相机标定阶段，内部参数在实验室即可完成标定工作，每台相机仅需要标定一次。初始外部参数的获取在施工现场进度追踪前进行，每个视角采集一次。视角数根据施工规模和监控需求确定，一般项目的初始场景不多于 5 个。外部参数的标定工作是一个频繁重复的操作，每幅图像的外部参数都需要标定。这一步骤通过 OpenCV 代码进行自动化计算，不需要耗费人工。

在标定结果校准阶段，标定效果评价和校准是为了消除大量迭代产生的误差以确保相机位姿准确性的步骤，该步骤需要定期重复。根据经验，重复周期可设定为一个月，该阶段所需的工作量较小。

在识别与配准阶段，拍摄、识别、投影、筛选和粗配准都是需要频繁重复的步骤。其中，拍摄可根据实际情形采取人工或自动化方式；识别工作通过建筑构件检测器自动化完成，耗用时间短，无需人工参与；投影、筛选和粗配准通过基于 Matlab 的预编程序实现，无需人工参与。

在进度推理阶段，进度推理是一项需要频繁重复的步骤。该步骤可通过基于 Matlab 预编程序来实现工程进度的自动化推理。

通过上述分析可知，该模型共包括 6 个主要步骤（细分为 15 个具体步骤）。不同步骤的重复性要求和自动化程度总结如表 4-1 所示。

表 4-1 模型应用过程中每个步骤的可重复性要求和自动化程度

主 要 步 骤	具 体 步 骤	重复性要求	自动化程度
建筑构件检测器训练	图像采集与标注	非必要重复（可补充数据）	无自动化
	模型训练	非必要重复	无自动化
BIM 模型准备	BIM 模型构建	重复，执行一次	无自动化
	BIM 元素角点坐标提取	重复，执行一次	部分自动化

续表 4-1

主要步骤	具体步骤	重复性要求	自动化程度
相机标定	内部参数标定	少量重复，每台相机标定一次	无自动化
	初始外部参数获取	少量重复，每个场景标定一次	无自动化
	外部参数迭代更新	重复，迭代更新	完全自动化
标定结果校准	叠加效果评价	少量重复，定期执行一次	无自动化
	标定结果校准	少量重复，定期校准一次	无自动化
识别与配准	拍摄	重复	部分自动化
	识别	重复	完全自动化
	投影	重复	完全自动化
	筛选	重复	高度自动化
	粗配准	重复	完全自动化
进度推理	进度推理	重复	完全自动化

综上所述，该模型中存在需要频繁重复的步骤，这些步骤实现了高度的自动化，其余手动操作的工作量很小。因此，从自动化程度和重复性要求方面来看，该方法自动化程度高，可以满足未来的推广应用需求。

4.3　BIM 模型构建及坐标信息提取

BIM 模型准备环节为施工进度信息采集和建筑结构即时模型重建提供基本材料，包含 BIM 模型构建和 BIM 元素角点坐标提取两项具体的内容。其中，构建的 BIM 模型一方面将用于与施工现场建筑结构图像配准、提供与实际施工现状的对比，另一方面为实际建筑结构即时模型重建提供基础模型；提取的 BIM 元素角点坐标将用于与目标检测结果的配准，确定已完工的构件，进而推断工程施工进度。

4.3.1　BIM 技术

BIM 的全称为建筑信息建模或建筑信息模型，是一种应用于工程设计、建造、管理的数字化工具[159]。BIM 技术出现以前，施工管理主要依赖于管理人员的综合素质与经验，管理工具通常以横道图、计算机辅助设计（computer-aided design，CAD）、办公软件等简单的工具为主。这种传统的管理方式存在诸多问题，主要体现在以下四个方面：（1）施工管理的科学性不高，随机性较强；（2）各建设方之间、各专业之间信息协同不足，信息沟通不及时、不顺畅，易形成“信息孤岛”；（3）二维图纸的可视化程度低，信息化、集成化不足；（4）施工过程模拟仿真程度差，复杂工序的施工技术交底困难。这些问题不仅制约着建筑工程项目的精细化管理，而且严重影响了我国建筑行业管理水平的提高。

BIM 技术的出现，为提高工程项目管理效率、解决工程项目中存在的诸多问题提供了新的解决方案[160-161]。由于 BIM 技术在创建、计算、管理、共享和应用海量工程项目基础数据方面表现出前所未有的能力，世界各国政府或行业协会都在政策上大力推进 BIM 技术的应用，我国也早在 2011 年将 BIM 纳入第十二个五年计划，并相继颁布了多项相关政策和指导意见[162]。

BIM 不仅是一种三维几何建模工具，而且提供了工程有关各个方面的有用信息和数据。BIM 文件不仅包括项目的物理特征，还包括有关系统的重要细节，以便于理解每个系统如何影响其他系统。在 BIM 中，一个可视化的且数字化的信息数据库用于收集、生成、存储、分析和管理与建筑和施工过程相关的信息，以便于工作现场的安全问题减少或消除、设计分析（建筑、结构、管道、线路）、结构安全分析、现场利用规划、能源分析、评估管理、成本估算、进度控制等。

4.3.2 BIM 模型的构建与命名

在一般工程项目中，BIM 模型在工程的设计阶段已经被建立，因此在施工进度信息采集和建筑结构即时模型重建时可以直接利用已有的 BIM 模型。为了便于叙述，本节以某办公楼的 BIM 模型为案例进行介绍。该建筑分为五层，采用框架结构，其 Revit 模型如图 4-2 所示。

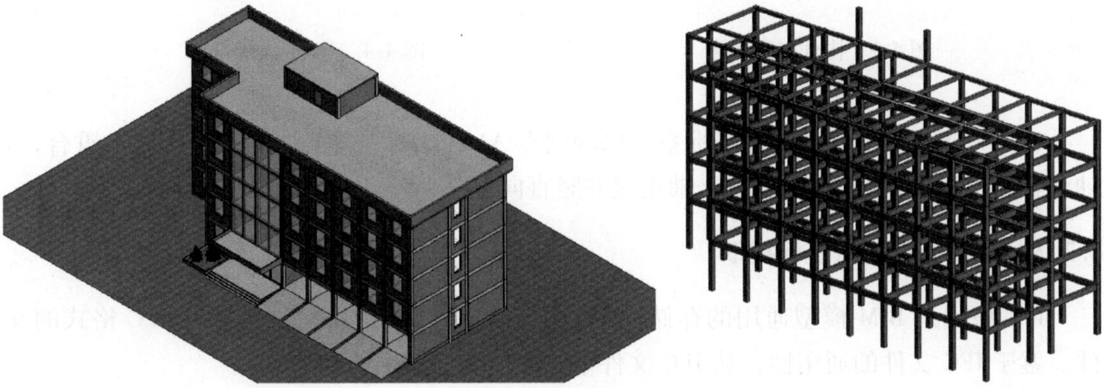

(a) (b)

图 4-2 案例 BIM 模型
（a）建筑部分；（b）结构部分

工程项目施工现场错综复杂，构件和物品种类繁多。为了便于定位和区分不同构件，首先必须按照科学的规律，为每个构件进行赋名。因此，本节将建立了统一的世界坐标系，制定了一套统一的命名规则，为 BIM 元素设定唯一的编码，具体步骤如下。

（1）步骤 1：建立 BIM 模型。根据建筑具体设计细节建立 BIM 模型，BIM 模型应与建筑在同一坐标系下。

（2）步骤 2：轴网及交点命名。为方便模型定位，设定模型横向轴网用大写字母命名

（由下到上分别为轴网 A、轴网 B、轴网 C…），纵向轴网用阿拉伯数字命名（从左到右分别为轴网 1、轴网 2…），横纵向轴网交叉形成轴网交点（如 A1，A2，D7…）。

（3）步骤 3：通过字母区分不同类型构件。为每种类型构件设定一个表示符号，在本例中用 C 表示柱（column），用 B 表示梁（beam），用 S 表示楼板（slab），用 W 表示墙（wall）。

（4）步骤 4：为每一建筑构件命名。为方便构件命名，定义轴网形成的矩形框内的元素和矩形框的左边线和下边线上的元素隶属于左下轴网点，构件名称为"楼层编号 + 轴网点编号 + 元素类型符号 + 补充号"，如图 4-3 所示。图 4-4 中选中的元素为一楼的柱，轴网位置为 B1，命名为 B1F1-C-B011，其右侧梁命名为 B1F1-B-B011，上侧梁命名为 B1F1-B-B012。

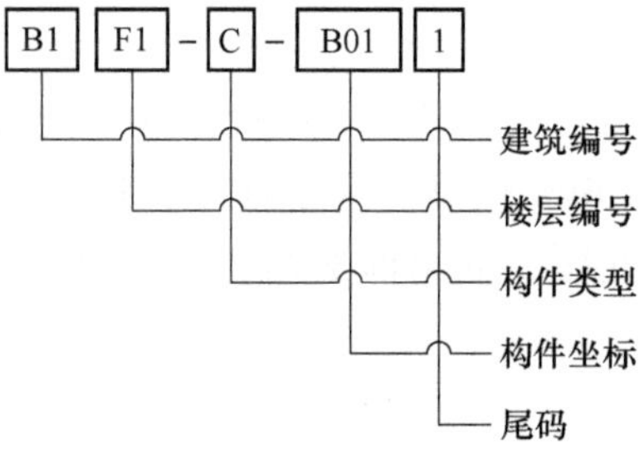

图 4-3　构件名称编号

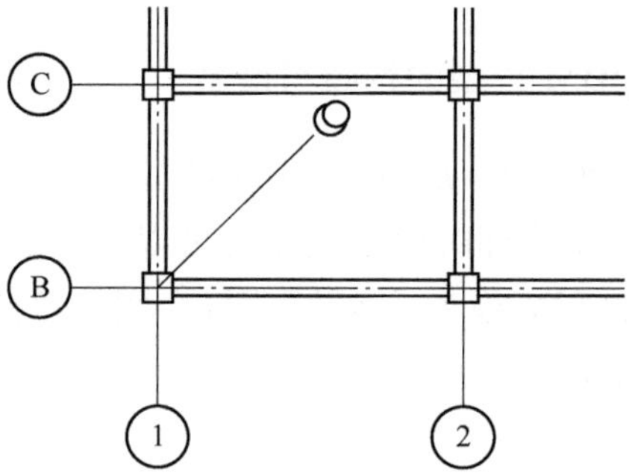

图 4-4　F1 平面局部图

（5）步骤 5：建立笛卡尔坐标系。以轴网点 A1 为坐标系原点，x 轴与轴网 A 重合，y 轴与轴网 1 重合，z 轴与 x 轴和 y 轴正交并竖直向上。

4.3.3　BIM 元素角点坐标提取

IFC 格式是 BIM 模型通用的存储形式，所有的 BIM 模型都可以转换为 IFC 格式的文件。鉴于 IFC 文件的通用性，从 IFC 文件中提取 BIM 元素的角点坐标。

作为应用于 AEC 各个领域的数据模型标准，IFC 文件不仅仅包括了那些看得见、摸得着的建筑元素（如梁、柱、板、吊顶、家具等），也包括了那些抽象的概念（如计划、空间、组织、造价等）。IFC 文件是用树形结构组织的，文件中的 LocalPalcement 是通过树形结构实现一层一层地递归嵌套的相对坐标系统。如果想获取 BIM 各元素的坐标信息，需要通过层层局部坐标系才能转换为世界坐标系。这些转换看似复杂，但可以通过编写程序和算法，从 IFC 文件中直接导出。需要注意的是，BIM 中的一些模型（如构造实体模型和扫描实体模型）不是以点为基础存储的。为了便于角点的导出，需要将这些模型转换为曲面细分模型以获取元素的每个角点。

根据每个元素所处的位置及其自身尺寸信息，计算出每个元素每个顶点在笛卡尔坐标系中的坐标，形成 BIM 元素角点坐标数据库，如图 4-5 所示。

ID	x1	y1	z1	x2	y2	z2	x3	y3	z3	x4	y4	z4	x5	y5	z5	x6	y6	z6	x7	y7	z7	x8	y8	z8
B1-F1-O-A01-1	0	0	0																					
B1-F1-C-A03-1	400	−10	0	400	10	0	420	−10	0	420	10	0	400	−10	160	400	10	160	420	−10	160	420	10	160
B1-F1-C-A04-1	605	−10	0	605	10	0	625	−10	0	625	10	0	605	−10	160	605	10	160	625	−10	160	625	10	160
B1-F1-C-A05-1	810	−10	0	810	10	0	830	−10	0	830	10	0	810	−10	160	810	10	160	830	−10	160	830	10	160
B1-F1-C-A06-1	1015	−10	0	1015	10	0	1035	−10	0	1035	10	0	1015	−10	160	1015	10	160	1035	−10	160	1035	10	160
B1-F1-C-B01-1	−10	296	0	−10	316	0	10	296	0	10	316	0	−10	296	160	−10	316	160	10	296	160	10	316	160
B1-F1-C-B02-1	195	296	0	195	316	0	215	296	0	215	316	0	195	296	160	195	316	160	215	296	160	215	316	160
B1-F1-C-B03-1	400	296	0	400	316	0	420	296	0	420	316	0	400	296	160	400	316	160	420	296	160	420	316	160
B1-F1-C-B04-1	605	296	0	605	316	0	625	296	0	625	316	0	605	296	160	605	316	160	625	296	160	625	136	160
B1-F1-C-B05-1	810	296	0	810	316	0	830	296	0	830	316	0	810	296	160	810	316	160	830	296	160	830	136	160
B1-F1-C-B06-1	1015	296	0	1015	316	0	1035	296	0	1035	316	0	1015	296	160	1015	316	160	1035	296	160	1035	36	160
B1-F1-C-C01-1	−10	433	0	−10	453	0	10	433	0	10	453	0	−10	433	160	−10	453	160	10	433	160	10	453	160
B1-F1-C-C02-1	195	433	0	195	453	0	215	433	0	215	453	0	195	433	160	195	453	160	215	433	160	215	453	160
B1-F1-C-C03-1	400	433	0	400	453	0	420	433	0	420	453	0	400	433	160	400	453	160	420	433	160	420	453	160
B1-F1-C-C04-1	605	433	0	605	453	0	625	433	0	625	453	0	605	433	160	605	453	160	625	433	160	625	453	160
B1-F1-C-C05-1	810	433	0	810	453	0	830	433	0	830	453	0	810	433	160	810	453	160	830	433	160	830	453	160
B1-F1-C-C06-1	1015	433	0	1015	453	0	1035	433	0	1035	453	0	1015	433	160	1015	453	160	1035	433	160	1035	453	160
B1-F1-C-D01-1	−10	739	0	−10	759	0	10	739	0	10	759	0	−10	739	160	−10	759	160	10	739	160	10	759	160
B1-F1-C-D02-1	195	739	0	195	759	0	215	739	0	215	759	0	195	739	160	195	759	160	215	739	160	215	759	160
B1-F1-C-D03-1	400	739	0	400	759	0	420	739	0	420	759	0	400	739	160	400	759	160	420	739	160	420	759	160
B1-F1-C-D04-1	605	739	0	605	759	0	625	739	0	625	759	0	605	739	160	605	759	160	625	739	160	625	759	160
B1-F1-C-D05-1	810	739	0	810	759	0	830	739	0	830	759	0	810	739	160	810	759	160	830	739	160	830	759	160
B1-F1-C-D06-1	1015	739	0	1015	759	0	1035	739	0	1035	759	0	1015	739	160	1015	759	160	1035	739	160	1035	759	160

图 4-5　BIM 元素角点坐标数据库

4.4　相机投影模型及其标定方法

图像和 BIM 模型是建筑分别在平面和三维空间中的映射，要想确定图像中识别到的构件与现实构件之间的联系，必须首先建立图像与三维空间的映射模型，即相机投影模型。建立这一映射模型的过程也被称为相机标定，本节将介绍相机投影模型及其标定方法，并根据施工现场建筑结构信息采集需求选择适合的标定方法，最后根据实际施工现场的一般环境，制定相机部署方案，为检测结果和三维 BIM 模型的配准奠定基础。

4.4.1　相机投影模型及其求解方法

相机投影模型是指三维空间中点与相片上像素点之间的映射关系。在相机投影模型中，共有四个坐标系：世界坐标系、相机坐标系、成像平面坐标系和像素坐标系。世界坐标系（world coordinate）也称为测量坐标系，是一个三维直角坐标系，以其为基准可以描述相机和待测物体的空间位置。世界坐标系由人为设定，本书中设定的世界坐标系位于轴网点 A1 处，物体世界坐标系中的坐标为（X_w，Y_w，Z_w）。相机坐标系也是一个三维直角坐标系，原点位于镜头光心处，X、Y 轴分别与像平面的两边平行，Z 轴为镜头光轴，与像平面垂直，物体在相机坐标系中的坐标为（X_c，Y_c，Z_c）。像素坐标系是一个二维直角坐标系，反映了相机成像元件（包括电荷耦合器件和互补式金属氧化物半导体）中像素的排列情况。原点 O 位于图像的左上角，U 轴、V 轴分别与成像平面的两边平行。像素坐标系不利于坐标变换，因此需要建立成像平面坐标系，其坐标轴的单位通常为毫米，原点是相机光轴与成像平面的交点（称为主点），即图像的中心点，X 轴、Y 轴分别与 U 轴、V 轴平行。因此两个坐标系实际是平移关系，即可以通过平移就可相互得到。四个坐标系的关系如图 4-6 所示。

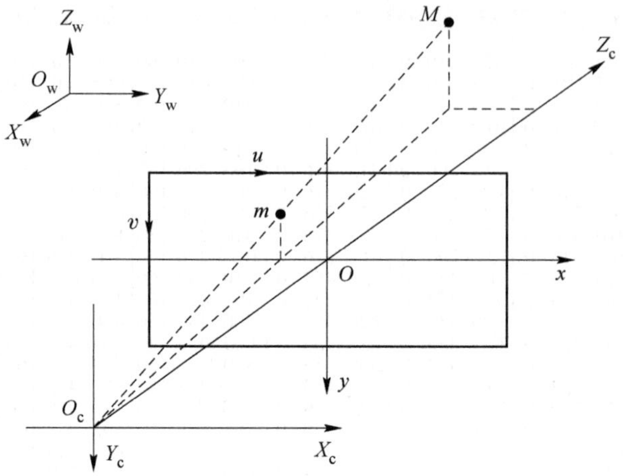

图 4-6　相机投影模型中四个坐标系的关系

根据四个坐标系之间的空间位置关系，并综合考虑相机在投影过程中产生的畸变等因素，推导得出相机投影模型：

$$Z_c\begin{bmatrix}U\\V\\1\end{bmatrix}=\begin{bmatrix}\frac{1}{\mathrm{d}x} & 0 & u_0\\ 0 & \frac{1}{\mathrm{d}y} & v_0\\ 0 & 0 & 1\end{bmatrix}\begin{bmatrix}f & 0 & 0 & 0\\ 0 & f & 0 & 0\\ 0 & 0 & 1 & 0\end{bmatrix}\begin{bmatrix}\boldsymbol{R} & \boldsymbol{t}\\ \boldsymbol{O}^{\mathrm{T}} & 1\end{bmatrix}\begin{bmatrix}X_w\\Y_w\\Z_w\\1\end{bmatrix}$$

$$=\begin{bmatrix}\alpha_x & 0 & u_0 & 0\\ 0 & \alpha_y & v_0 & 0\\ 0 & 0 & 1 & 0\end{bmatrix}\begin{bmatrix}\boldsymbol{R} & \boldsymbol{t}\\ \boldsymbol{O}^{\mathrm{T}} & 1\end{bmatrix}\begin{bmatrix}X_w\\Y_w\\Z_w\\1\end{bmatrix}=\boldsymbol{KT}\begin{bmatrix}X_w\\Y_w\\Z_w\\1\end{bmatrix} \tag{4-1}$$

式中，Z_c 为点在相机坐标系中的 Z 轴坐标；U 和 V 为像素坐标系中的坐标；$\mathrm{d}x$ 和 $\mathrm{d}y$ 为像元尺寸；u_0 和 v_0 为相机光轴在像素坐标系中的偏移量，以像素为单位；f 为相机焦距；$\boldsymbol{R}$ 和 $\boldsymbol{t}$ 分别为世界坐标系向相机坐标系转换的旋转矩阵和平移向量；X_w、Y_w 和 Z_w 为点在世界坐标系中的坐标；$\alpha_x=f/\mathrm{d}x$，$\alpha_y=f/\mathrm{d}y$；矩阵 $\boldsymbol{K}=\begin{bmatrix}\alpha_x & 0 & u_0 & 0\\ 0 & \alpha_y & v_0 & 0\\ 0 & 0 & 1 & 0\end{bmatrix}$为内参矩阵；矩阵 $\boldsymbol{T}=\begin{bmatrix}\boldsymbol{R} & \boldsymbol{t}\\ \boldsymbol{O}^{\mathrm{T}} & 1\end{bmatrix}$为外参矩阵。

相机投影模型表示了二维平面与三维空间之间的映射关系，该模型在数学上也被称为 PnP（perspective-n-point）问题。PnP 问题是摄影测量学领域的一个典型问题，1981 年由 Fishler 和 Bolles 提出，常用于物体定位。PnP 问题以小孔成像为基本模型，在图像中拾取 n 个已知坐标信息的空间点，从而求解三维空间与成像平面的映射关系（相机位姿）。当 $n=1$ 或 $n=2$ 时，只有 1 或 2 个特征点，PnP 问题存在无数个解；但 $n=3$ 时，PnP 问题存在 4 个解，其中一个解为正确答案；当 $n=4$ 时即可得到唯一的解，但考虑到精度的误差，一般采用多于4个点来进行标定和计算。PnP问题可通过DLT（direct linear transformation，直接线性变换）、P3P（perspective-3-point）、EPnP（efficient perspective-n-point）、UPnP（uncalibrated perspective-n-point）等方法计算得到。

（1）DLT算法。DLT的全称直接线性变换，是一种用于建立像点坐标与对应的物点空间坐标之间直接的线性变化关系的算法，不需要内外方位元素，适用于中低精度的测量任务。该方法通过求解线性方程来计算摄像机的各项参数，并且在考虑非线性失真的影响时引入非线性失真因子。当用于相机校准时，不需要内部和外部方位元素的初始值，因此参数的解决方案不受初始值的影响。当校准精度不高时，该方法可以很容易地计算相机模型的内部和外部参数。应该指出的是，准确测量控制点的世界坐标和图像坐标是决定算法准确性的关键，因此需要采用精确的设备和测量方法。

（2）P3P算法。P3P问题中已知的是3对3D-2D匹配点，3D点记作A、B、C，2D点记作a、b、c，三个点一一对应[163]。对于P3P问题，三维点A、B、C与相机光学中心O的连线方向在相机坐标系中的坐标可以通过计算得到，问题的关键是计算光学中心O与三个点之间的距离dA、dB和dC。仅通过3对匹配点之间的位置关系无法得到唯一解，因此P3P算法要求使用一对验证点（D-d），从得到的多个解中确定正确的一个。该方法常用于匹配点坐标精确但数量有限的问题中。

（3）EPnP算法。EPnP算法是一种非迭代的PnP求解算法[164]。大多数非迭代的PnP求解算法首先求解特征点深度，从而得到特征点在相机坐标系中的三维坐标。而EPnP算法采用了新的思路，其基本思路为：1）利用已知的3D点，通过主成分分析法（principal component analysis，PCA）选择4个控制点，建立新的局部坐标系，从而将3D坐标用新的控制点表示出来；2）利用相机投影模型将4个控制点的坐标转换到相机坐标系中，在相机坐标系中建立和世界坐标系同样关系的4个控制点（每个点在相机坐标系和世界坐标系下控制点处的坐标一致），求解得到相机坐标系下的4个控制点的坐标；3）利用迭代最近点（iterative closest point，ICP）法求解得到相机的位姿。一般情况下，该算法需要得到4个不共面的控制点（对于平面，需要3个），4个控制点实际上是已知三维点的加权和。此外，利用EPnP算法求解PnP问题时，匹配点的个数应大于15，以确保必要的求解精度。

（4）UPnP算法。UPnP算法，全称uncalibrated perspective-n-point，适合未标定场合[165]。UPnP算法求解过程与EPnP算法类似，在EPnP算法的基础上同时估计了焦距。

4.4.2 相机标定方法

计算机视觉领域中，相机标定（也称摄像机标定）是确定相机的位置和属性参数并建立成像模型的过程，以确定空间坐标系中的对象点与图像平面上的图像点之间的相应关系。在三维重建中，摄像机标定可以确定摄像机的内外部参数，并可据此计算出拍摄对象三维点与图像二维点之间的映射关系，是三维重建的必要环节。摄像机标定在三维计算机视觉技术中起着至关重要的作用，差的摄像机标定方法可能会产生图像中的缺陷（如失真），进而影响标定结果的可靠性和准确性[166]。因此，相机标定过程通常是基于计算机视觉的应用中最为重要的过程[167]。现有摄像机标定方法主要包括传统摄像机标定方法、基于主动视觉的标定方法和相机自标定方法。

（1）传统摄像机标定方法是指利用一个尺寸已知的标定物，在标定物上坐标已知的点与其图像点之间建立对应关系，并利用一定的算法获得相机投影模型的内外部参数。传统摄像机标定方法主要包括利用最优化算法的标定法、两步法以及其他方法等[168]。传统相机标定方法最主要的特点是标定精度高，但其也具有标定过程复杂、计算量大、标定模板精度要求高和无法实现实时标定等缺点。

（2）基于主动视觉的标定方法是指根据摄像机的运动信息来标定摄像机，与传统摄像机标定方法相比，这种标定方法不需要参照物，但是需要控制相机做特殊的运动，通过运动的特殊性计算摄像机的内部参数。该方法鲁棒性较高，但系统成本高、实验设备昂贵、实验条件苛刻，并不适用于施工现场建筑结构的监控[169]。

（3）摄像机自标定法是指利用摄像机在运动过程中图像之间点的对应关系来直接标定摄像机[170]。与传统摄像机标定方法相比，该方法无需放置标定参照物；与基于主动视觉的标定方法相比，该方法不需要做固定特殊的运动，实验要求低。因此，该标定方法最大的优点在于其强大的灵活性。但是，该方法需要求解多元非线性方程，鲁棒性较差，只应用于精度要求不高的领域。

4.4.3 相机内外部参数标定

在固定相机的标定过程中，内外部参数的标定工作可以同时进行。但是，固定相机给施工现场建筑结构的全方位监控带来诸多制约，无法灵活地采集建筑物各个位置的施工活动。因此，为了尽可能覆盖所有施工细节，本书提出的进度信息采集模型中并未固定相机的位置和视角。但同时，由于每张图像对应的相机外部参数都需要被确定，这种灵活的方式也给相机标定工作带来了挑战。为了确定每台相机和每幅图像对应的相机内外部参数，本书采用了多种相机标定方法以适应不同阶段的标定需求和特点。标定工作分三个阶段实现：相机内部参数标定、初始外部参数获取和外部参数迭代更新。

（1）相机内部参数标定。相机的内部参数表示相机的基本光学特性，包括图像中心坐标、有效的焦距和非线性失真系数。通过对各标定方法的分析发现，张氏标定法介于传统标定法和自标定法之间，标定物可简单表示为棋盘格，克服了传统标定法需要的高精度标定物的缺点[171]。同时，相对于自标定法而言，该方法精度高，便于操作，已被广泛应用于计算机视觉领域并取得了良好的效果。因此，本书将基于张氏标定法并使用 Matlab 中的相机标定工具（camera calibrator）对相机进行标定。

首先制作标定板，共 6×8 个黑白相间的方格，每个正方形小格的边长为 34 mm。然后使用相机从不同角度拍摄标定板，并使用 Matlab 中的相机标定工具对相机进行标定。

（2）初始外部参数获取。相机的外部参数表示相机相对于世界坐标系的位置和方向，初始外部参数是指某视角下第一幅图像对应的相机外部参数。由于初始外部参数是计算后续图像对应外部参数的基准，因此初始相机的标定应选用准确率较高的标定方法。鉴于 EPnP 算法的精确性，本书采用 EPnP 算法，通过在 Visual Studio 上编写 C ++ 代码，计算相机初始外部参数矩阵。为了获得外部参数矩阵，选择不超过 5 幅初始图像来计算每个摄像机的初始外部参数。这些图像记录的内容分别为建筑物的四个侧视图和一个俯视图（如果在某些视图中不方便拍摄，这些图像可缺失）。然后，从这些图像中手动选择多个已知点，并使用 EPnP 算法计算初始外部参数矩阵。在已知点的选取过程中，每幅图像选取 20～30 个已知点，这些已知点应尽可能均匀分布于平面图像中，并且其对应三维点不能集中于同一个平面。

（3）外部参数迭代更新。如上所述，在获得相机的内部参数和初始图像对应的外部参数后，相机外部参数通过匹配不同图像之间的特征点来迭代更新，具体包括四个步骤：提取尺度不变特征转换（scale-invariant feature transform，SIFT）特征点、匹配特征点、求解基本矩阵和求解外部参数矩阵。鉴于 OpenCV（一种开源的计算机视觉框架）中集成了众多优秀的图像处理算法，本书中外部参数的迭代更新在 OpenCV 框架下计算。

1）SIFT 特征点提取。在计算机视觉领域，学者们提出了很多优秀的特征点提取算法。在这些算法中，SIFT 算法在特征点提取时具有诸多优点，被广泛应用于物体辨识、图像拼接、三维重建、机器人感知与导航、手势辨识与动作对比等领域。SIFT 算法由 David Lowe 于 1999 年提出，2004 年完善，用于描述图像中的局部特征，从而帮助辨识物体[172]。具体地，该方法从不同尺度的空间中寻找极值点（特征点/关键点），并提取该极值点的位置、尺度和旋转等不变量。由于 SIFT 的特征是基于物体上的局部外观兴趣点的（如角点、边缘点、明暗显著点等），与照片的大小和旋转无关，对光线、噪声和微视角变化的鲁棒性也非常高，其高度显著且容易提取，在海量的特征数据库中很容易辨识物体，错误率极低。因此，本书在 OpenCV 中采用 SIFT 算法从图像中提取特征点。

2）匹配特征点。K 最邻近（k-nearest neighbor，KNN）分类算法是一种简单成熟的机器学习算法，由 Cover 和 Hart 提出，用于分类不同的样本，广泛应用于各个领域[173]。该算法也常被用于匹配特征点，根据特征空间与目标样本最相似的 k 个样本，将目标样本归类到这些样本所属的类别中。该算法主要包括四个步骤：数据预处理；计算待分类点与其他每个样本点之间的距离；对计算得到的距离进行排序并选择出距离最小的 k 个点；最后，通过统计 k 个点所属的类别，按照少数服从多数的原则，将被分类样本归入占比最高的类别。在进行类别决策时，由于该分类算法主要依赖于周围有限的样本，对于类域交叉或重叠严重的样本集，该分类算法具有更高的适应性。因此，本书在 OpenCV 中利用 KNN 分类算法匹配提取的 SIFT 特征点。

3）求解基本矩阵。基本矩阵是计算机视觉领域的一个概念，用于表示两视图几何的内在射影几何关系。基本矩阵只依赖于摄像机的内参和外参，是根据其中一幅图像的外部参数求解另一部相机外部参数的媒介。在 OpenCV 中，“findEsentialMat”函数用于根据提取的特征点计算两幅图像之间视角转换的基本矩阵。本书利用该函数计算基本矩阵，其定义如下：

```
Mat findEssentialMat( InputArray points1,
                      InputArray points2,
                      InputArray cameraMatrix,
                      int method = RANSAC,
                      double prob = 0.999,
                      double threshold = 1.0,
                      OutputArray mask = noArray());
```

findEsentialMat 函数共包含 7 个参数：参数 points1 和 points2 为两幅图片的 N 个二维像素点坐标，数据类型为浮点型；参数 cameraMatrix 为相机矩阵，函数假定 points1 和 points2 是具有相同摄像机矩阵的摄像机特征点；参数 method 为计算本征矩阵的方法，有 RANSAC 和 LMedS 两种，默认为 RANSAC 方法；参数 prob 表示概率，为 RANSAC 或 LMedS 方法的参数，规定了估计矩阵正确的可信度；参数 threshold 为 RANSAC 方法的参数，表示从点到极线的最大距离（以像素为单位），当点与极线的距离超出该最大距离时，则被视为异常点，不能用于计算基本矩阵；参数 mask 为输出参数，输出 n 个元素的数组，每个元素异常值设置为 0，否则设为 1。函数的返回值为计算得到的本征矩阵，该矩阵可进一步传递给 decomposeEssentialMat 或 recoverPose 以最终恢复不同相机之间相对的位姿关系。

4）求解外部参数矩阵。在 OpenCV 中，相机外部参数矩阵可通过“solvePnPRansac”函数计算得到。该函数的功能是用 RANSAC 算法求解 PnP 问题，是一种鲁棒性较高的算法。solvePnPRansac 函数的定义如下：

```
bool cv::solvePnPRansac(   InputArray objectPoints,
                           InputArray imagePoints,
                           InputArray cameraMatrix,
                           InputArray distCoeffs,
                           OutputArray rvec,
                           OutputArray tvec,
                           bool useExtrinsicGuess = false,
                           int iterationsCount = 100,
                           float reprojectionError = 8.0,
                           double confidence = 0.99,
                           OutputArray inliers = noArray(),
                           int flags = SOLVEPNP_ITERATIVE)
```

solvePnPRansac 函数共包含 12 个参数：参数 objectPoints 为世界坐标系下特征点的三维坐标；imagePoints 为图像坐标系下特征点的二维坐标；参数 cameraMatrix 为相机的内部参数矩阵；参数 distCoeffs 为相机的畸变系数；参数 rvec 和 tvec 分别为输出的旋转向量和平移变量，使坐标点从世界坐标系旋转/平移到相机坐标系；参数 useExtrinsicGuess 为是否使用猜测的初始值，初始值可以为猜测的初始值（true）或解析求解的结果（false）；参数 iterationsCount 表示 Ransac 算法的迭代次数，这一参数根据估计外点的概率进一步缩小；参数 reprojectionError 表示 Ransac 算法筛选内外点之间距离的阈值，根据估计内点的概率和每个点的均方差计算得到；参数 confidence 与计算采样（迭代）次数有关，表示从 n 个样本中取 s 个点，且 n 次采样可以使 s 个点全部为内点的概率；参数 inliers 表示返回内点的序列，为矩阵形式；参数 flags 用于表示最小子集的计算模型，默认使用 CV_ITERATIV 迭代法。

综上所述，相机外部参数的标定过程分为初始外部参数标定和外部参数迭代更新两个步骤，技术路线如图 4-7 所示[174]。

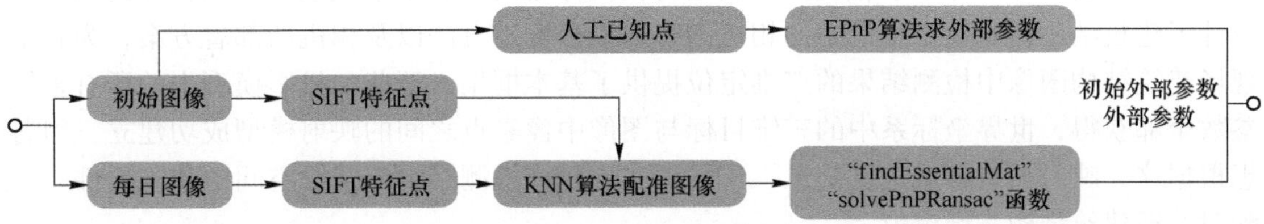

图 4-7 相机外部参数标定

值得注意的是，尽管通过 SIFT 特征点可以实现较为准确的配准，但多次迭代后误差会发生累计。为了避免累计误差过大导致配准效果不佳、外部参数计算不准确的问题，本书提出图像与 BIM 配准叠加效果评价模型和校准方法，具体过程在第 5 章中介绍。

如上所述，本书提出的施工进度信息采集模型未限定相机的位置和视角，这给施工现场采集工作提供了灵活性。但是，受施工现场环境的影响，并非所有视角都适合采集图像。因此，必须对相机的部署方案进行分析，以满足不同施工现场的特殊环境要求。

4.4.4 相机部署方案

建筑结构的施工过程在不同层面表现形式不同。从总体结构施工过程来说，结构施工分为基础施工和主体结构施工，主体结构一层一层重复进行。从单层结构的施工过程来说，工程主要经历开始阶段、准备阶段、立面施工阶段、平面支模阶段、平面钢筋绑扎阶段、混凝土浇筑阶段和混凝土养护阶段。从构件层面来说，一个构件形成过程中需要经过多项施工工序，包括钢筋绑扎、支模、混凝土浇筑、混凝土养护和模板拆除。

本书中施工进度监控的目的是获得每个构件所处的施工状态（构件层面）。然而，由于建筑结构相互连接、聚集在一起，构件之间相互遮挡，对每个构件的状态进行追踪是不现实的。因此，从单层结构出发，利用计算机视觉记录建筑构件的状态变化，从而推断每个构件的状态。

在施工现场，尤其是高层建筑施工现场，未完工的建筑四周包围着脚手架和防护网，这使得对最新的施工过程进行监控变得困难。所以，必须对摄像机的位置进行配置，以尽可能记录施工现场的施工过程而不被防护网遮挡。在对实际施工现场的环境进行观测后发现，建筑可以从两个视角拍摄到：俯视和侧视。俯视可以记录最新的施工进度，包括开始阶段、准备阶段、立面施工阶段、平面支模阶段、平面钢筋绑扎阶段、混凝土浇筑阶段；而侧视可以记录一部分构件完工后的状态，即混凝土构件。因此，选择从建筑物的上方和四周布置摄像机。其中，上方的布置是必需的，因为主要的施工进度信息来源于施工现场的俯视图；四周可根据场地情况自由设定。

值得注意的是，相机部署时无需固定位置和方向，只需要确保相机覆盖可拍摄范围，相机拍摄的两张图像之间有大面积重叠。在每个方位布置相机的数量根据实际工程建设场地的大小确定，当一台相机无法覆盖一个方位的建筑全景时，可以通过设定多个相机或一个相机在同一位置拍摄多视角图像的方式覆盖建筑全景。

综上所述，本节介绍了相机投影模型与相机标定的相关基本概念和方法，在此基础上设计了建筑结构即时模型重建中的相机内外部参数标定方法以及相机的部署方案，为施工现场建筑结构图像中检测结果的三维定位提供了基本框架。至此，投影模型中的所有未知参数全部获得，世界坐标系中的三维目标与图像中像素点之间的映射模型成功建立。但若想根据这一映射关系获取进度信息，还必须实现目标检测结果与三维空间中建筑构件一一配对，即建筑结构三维定位。

4.5　基于粗配准算法的建筑构件三维定位

建筑构件的三维定位是确定成像平面上目标检测结果在三维空间中位置的过程，是从图像中提取进度信息的桥梁。为此，本节将提出一种基于粗配准算法的方法，建立目标检测结果与三维空间中 BIM 元素的映射关系，从而确定目标检测结果在施工进度检测中所对应的含义。

4.5.1　BIM 元素成像平面投影

确定相机投影模型的内外部参数后，将 BIM 元素角点的 3D 坐标代入投影模型，计算投影后的像素点，如图 4-8 所示。构件的每个角点对应一个像素点，称为“像素角点”。然后，连接外部像素角点以形成一个包络所有像素角点的凸多边形，称为“包络框”。BIM 元素在成像平面中的位置可由包络框上的像素角点表示，汇总后形成 BIM 元素的二维投影位置库。

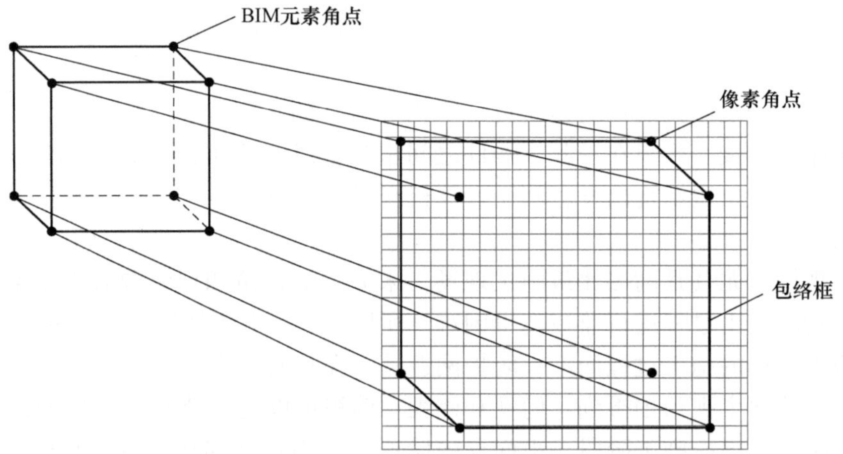

图 4-8　BIM 元素在成像平面的投影

当所有构件都投影到成像平面后，平面上存在两种类型的线框：矩形框和凸多边形框。矩形框是目标检测生成的位置框，称为“目标位置框”；凸多边形框是 BIM 元素投影生成的包络框，称为“投影包络框”，如图 4-9 所示。在精确的投影模型下，投影包络框将与目标位置框重叠，因此通过比较它们之间的位置关系，即可定位目标检测结果在三维空间中的位置，具体的方法将在 4.5.3 节中介绍。

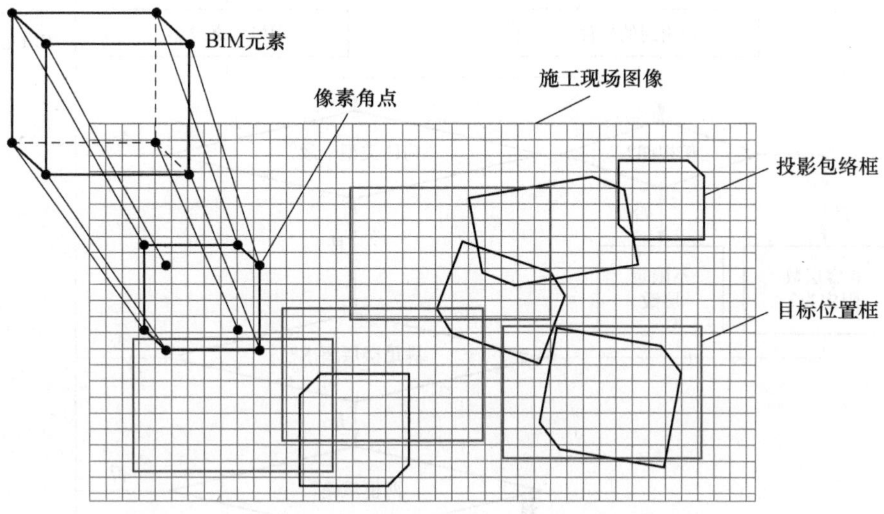

图 4-9　图像中检测结果与 BIM 元素投影的位置关系

4.5.2　包络框筛选原则

由于项目中的建筑构件数量众多且相互交错，三维图形转化为二维图像后产生重叠，大量的重叠必然导致错误率的升高。为降低投影包络框之间的重叠对位置配准性能产生影响，需要筛选掉那些不可能与目标位置框匹配的 BIM 元素投影包络框。根据各构件之间的物理和逻辑关系，本书制定了四条筛选原则。

（1）原则 1：排除无关楼层的构件。例如当施工位于第二层时，二层以上的构件不可能被建造，因此二层以上 BIM 元素的投影包络框被排除。

（2）原则 2：排除与目标位置框不产生重叠的投影包络框。投影包络框是与图像在同一角度投影得到的，同一构件在图像中的投影必然与对应 BIM 元素投影包络框发生重叠，所以在配准时应排除目标区域以外的包络框。

（3）原则 3：排除尺寸差距太大的投影包络框。当位于投影包络框上的像素角点距离目标位置框大于某一阈值时，表明两框表示同一构件的概率极低，应排除该投影包络框。

（4）原则 4：排除无关类型元素的投影包络框。例如当图像识别出的结果为柱时，所有非柱构件的投影包络框被排除。

四条筛选原则的执行顺序关系如图 4-10 所示。

4.5.3　基于位置关系的粗配准算法

基于上述四条原则，大量的无关数据可以被排除。但筛除无效数据后剩余的投影包络框还有很多，如何确定目标位置框正确对应的投影包络框，还需要进一步判定。

由图 4-9 可知，成像平面上的表示同一建筑构件的目标位置框与投影包络框表现为重叠状态，可通过两框之间是否重叠来判定映射结果。但由于目标检测只能精确到一个大致的矩形区域，无法与投影包络框完全重叠，因此本书提出“粗配准”算法，即通过两框在位置上的相近程度来评估匹配结果，偏差最小的一对框被判定为对应关系。该算法可细

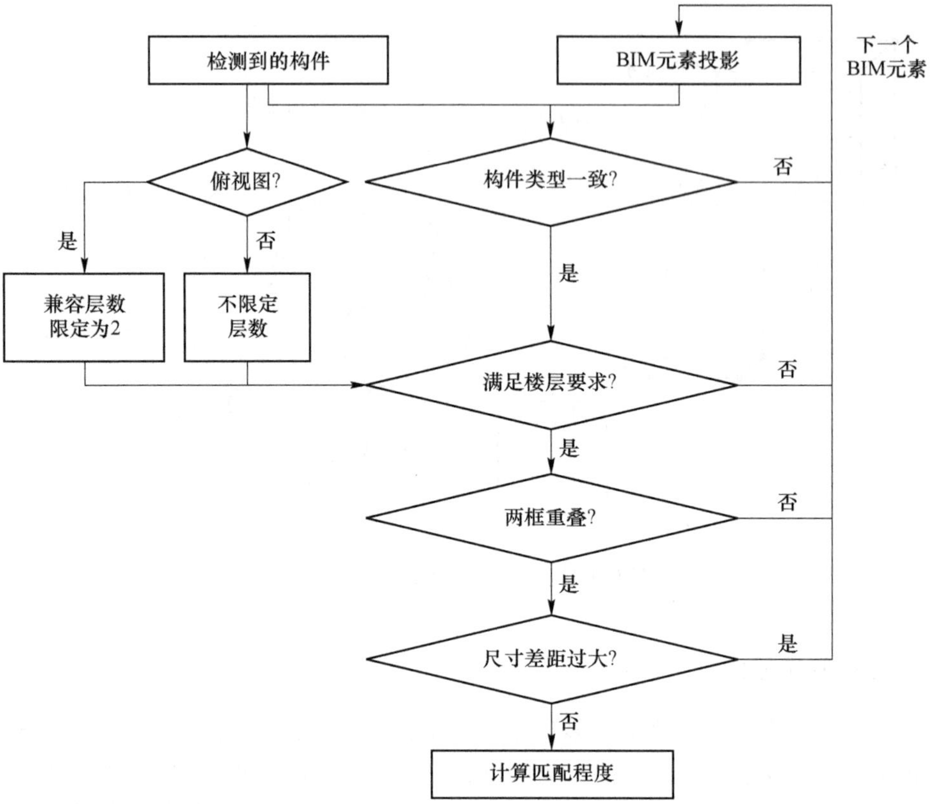

图 4-10　无效数据筛除流程

分为三个步骤：确定最小距离、计算最小误差和判定配准结果。

（1）确定最小距离。如图 4-11 所示，外围的矩形框为目标位置框，中间的多边形为 BIM 元素投影产生的投影包络框，该包络框是由六个像素角点组成的凸多边形。首先计算投影包络框的各像素角点到目标位置框四条边线的距离，并将最小距离作为该像素角点到目标位置框的距离。

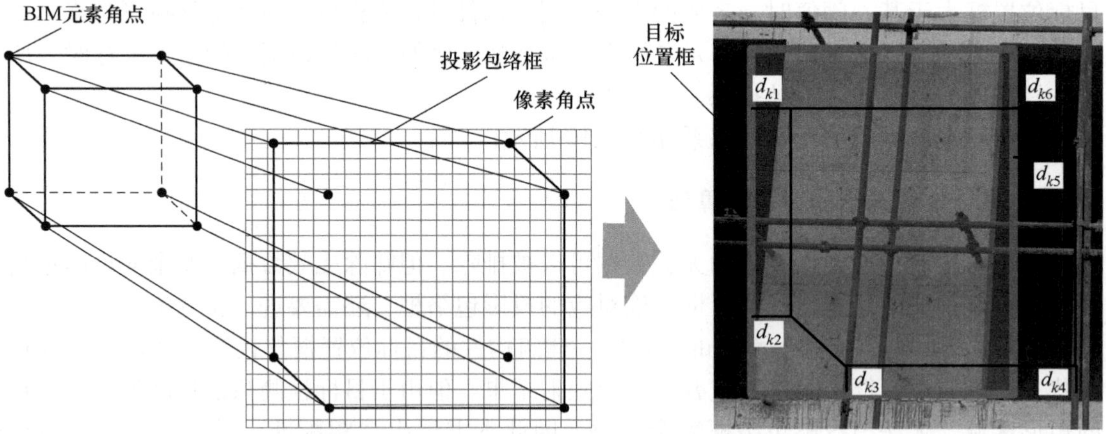

图 4-11　基于位置关系的粗配准算法原理

（2）计算最小误差。若一个投影包络框由 n 个像素角点组成，则它与第 k 个投影包络框之间最小误差值 D_k 为：

$$D_k = \frac{d_{k1}^2 + d_{k2}^2 + \cdots + d_{kn}^2}{n} \tag{4-2}$$

式中，$d_{k1}, d_{k2}, \cdots, d_{kn}$ 为投影包络框六个像素到目标位置框四边的最短距离。

（3）判定配准结果。目标位置框与投影包络框逐一对比后，最小误差值 D_k 对应的 BIM 元素即判定为图像识别结果对应的元素，即最终配准结果为：

$$K = \{k \mid \min D_k\} \tag{4-3}$$

式中，K 为角标为 k 的投影包络框对应的 BIM 元素。

无效数据的筛除和粗配准算法通过 Matlab 实现，具体代码如下：

```
clc
clear

[BIM3D, No_a] = xlsread('Data.xlsx',1);
BIM3D(:,4) =1;

K = xlsread('Data.xlsx',2);
R_t = xlsread('Data.xlsx',3);
BIM2D = (K * R_t * BIM3D.').';
BIM2D = BIM2D./(BIM2D(:,3) * [1,1,1]);

[Detect_result, No_b] = xlsread('Data.xlsx',4);

[Rows_a, Columns_a] = size(BIM3D);
[Rows_b, Columns_b] = size(Detect_result);
BIM_element_id = No_a(1,1);
Envelope_box = [];
Final_result = [];
for n = 1:Rows_b
    Component_type = No_b(n,2);
    Top_view = Detect_result(n,1);
    Layer = No_b(n,4);
    Position = Detect_result(n,3:6);
    Position_width = Position(2) - Position(1);
    Position_height = Position(4) - Position(3);
    D = [];
    D_index = [];
    k = 0;

    for m = 1:Rows_a
        if ~strcmp(No_a(m,2), Component_type)
```

```
                continue;
            else
                if Top_view = = 1 &&  ~strcmp(No_a(m,3), Layer)
                    continue;
                else
                    if strcmp(No_a(m,1),BIM_element_id)
                        [Envelope_box_rows, Envelope_box_Columns] = size(Envelope_box);
                        Envelope_box(Envelope_box_rows+1, 1:2) = BIM2D(m, 1:2);
                    else
                        W_max = max(Envelope_box(:,1));
                        W_min = min(Envelope_box(:,1));
                        W_value = W_max - W_min;
                        H_max = max(Envelope_box(:,2));
                        H_min = min(Envelope_box(:,2));
                        H_walue = H_max - H_min;
                        if W_max > Position(1) && W_min < Position(1) && H_max > Position(3) && H_min < Position(4)
                            if W_value < 2 * Position_width && H_walue < 2 * Position_height && 2 * W_value > Position_width && 2 * H_walue > Position_height

                                d = zeros(Envelope_box_rows+1,1);
                                k = k+1;
                                D(k,1) = 0;
                                for i = 1:Envelope_box_rows+1

                                    dd = zeros(4,1);
                                    dd(1,1) = abs(Envelope_box(i,1) - Position(1));
                                    dd(2,1) = abs(Envelope_box(i,1) - Position(2));
                                    dd(3,1) = abs(Envelope_box(i,1) - Position(3));
                                    dd(4,1) = abs(Envelope_box(i,1) - Position(4));
                                    d(i,1) = min(dd);
                                    D = D + d(i,1) * d(i,1);
                                end
                                D(k,1) = D(k,1) / (Envelope_box_rows+1);
                                D_index(k,1) = BIM_element_id;
                            end
                        end
                        BIM_element_id = No_a(m,1);
                    end
                end
            end
        end
```

```
        if k ~ =0
            [minvalue, index] = min(D(:,1));
            Final_result = cat(1, Final_result, [No_b(n,1),D_index(index,1)])
        else
            disp('空')
        end
    end
    xlswrite('Data_result.xlsx',Final_result)
```

为可视化 BIM 到图像的配准过程，以一个构件为例介绍配准过程与结果，如图 4-12 所示。从施工现场建筑结构图像中检测到构件，该构件的表现为矩形框，如图 4-12（a）所示。其对应的 BIM 模型为六面体，如图 4-12（b）所示。当六面体投影到施工现场建筑结构图像上时，它表现为一个多边形，与矩形框重叠，如图 4-12（c）所示。

(a)　(b)　(c)

图 4-12　配准过程可视化

（a）检测结果；（b）BIM 元素；（c）配准结果

4.6　基于辅助信息的施工进度推理

当图像中检测到的建筑构件与 BIM 元素一一配准后，BIM 元素的状态即可得到，但这不足以确定所有构件的状态，不足以形成实时的进度统计信息[175]。若想确定所有构件的状态并得到进度信息，研究面临两个关键问题。（1）受遮挡的影响，每次拍摄只能拍摄到一小部分构件。一方面，大部分构件被最外围的构件所遮挡。另一方面，模板、防护网、脚手架、机械设备等辅助设备和材料都对构件造成遮挡，这些遮挡必然造成大部分构件无法被检测和配准。所以必须从现有信息出发，通过科学客观的方法，推断其他构件的状态。（2）不同视角下拍摄的图像记录的是建筑的某个局部，为了尽可能记录所有可观测的施工细节，不同相机之间必然存在重叠的部分。这些重叠区域的构件被多次识别和配准，只有对这些数据进行处理才能得到最终的实际施工进度。因此，在每个迭代循环（识别与配准）之后，仅部分构件的状态被直接获知，而其他构件的状态通过推断得出。

辅助推理是一种借助辅助信息在现有已获得进度信息的基础上推理完整施工进度或过程的方法。辅助信息包括对象或几何实体之间的物理关系（聚合、拓扑和方向关系）和逻辑关系。针对上述问题，并结合相关研究经验得出，辅助推理可以极大减少数据收集阶段的重复工作并降低识别结果的模糊性。因此，本书采用辅助推理的方式确定其他构件状态，进而获得施工进度。

具体地，将不同构件的顺序关系用作辅助进度推理的补充信息。为了避免个别错误检测和配准对整体施工进度的影响，将判定施工阶段更新的阈值设置为 3，即检测到属于新阶段的至少 3 个构件才能判定施工进入新的阶段。具体推理方法如下：（1）将施工层上方未检测到的构件的状态视为未构造；（2）当检测到 3 个以上的“堆叠模板”时，判定施工进入准备阶段；（3）当检测并配准到 3 个以上的“带模板的墙或柱”时，判定施工进入立面施工阶段；（4）当检测并配准到 3 个以上的“底模板”时，判定施工进入平面支模阶段；（5）当检测并配准到 3 个以上的“梁钢筋笼”或“板钢筋笼”时，判定施工进入平面钢筋绑扎阶段；（6）当检测到浇筑工具时，认为施工层构件处于混凝土浇筑阶段，此时混凝土将逐渐覆盖钢筋笼；（7）当检测到的钢筋笼全部消失时，施工层构件被认为处于混凝土养护状态，此时模板和钢筋笼被混凝土包裹，同时判定施工进度进入新的楼层；（8）侧视图中检测到的构件均为混凝土构件，因此这些构件的状态为已完工。综上，判断施工进入新阶段的条件关系如图 4-13 所示。

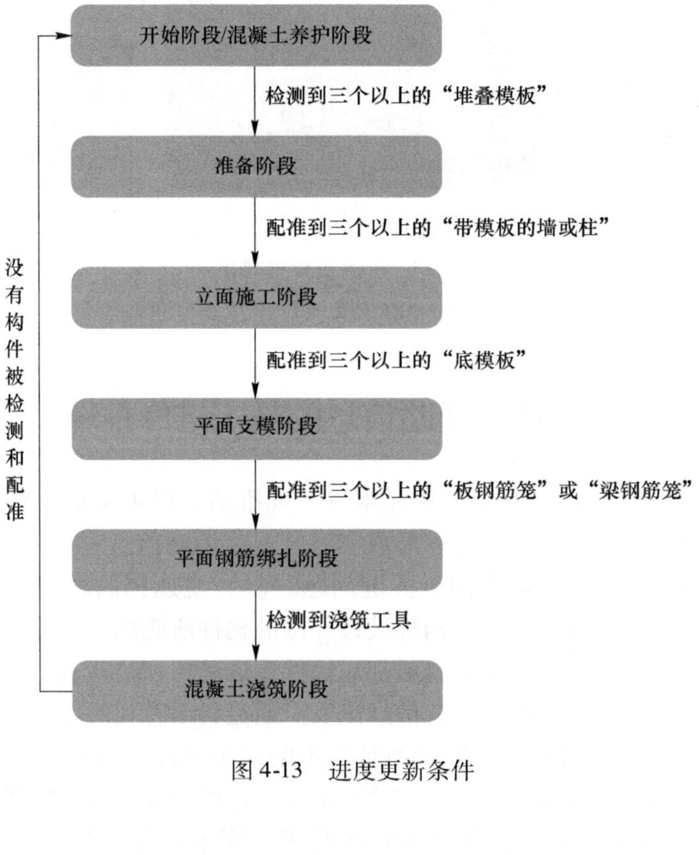

图 4-13　进度更新条件

4.7　本章小结

为了建立统一的映射系统，确定图像中识别的构件在三维空间中的位置，并将识别结果转换为构件的建造程度信息，进而为实现建筑结构模型的即时重建提供基础数据，本章提出了一种新的施工进度自动化采集方法，该方法通过配准目标检测结果与 BIM 元素来判定构件的存在，并据此推断得到实际施工进度，为建筑结构即时模型重建提供了实时数据源。首先介绍了该领域相关的基本概念和术语，在此基础上构建了基于三维粗配准算法的施工进度信息采集模型，分析了模型各环节的流程、自动化程度和重复性要求。分析结果表明，除少量人工操作外，主要操作步骤都高度的自动化，可以满足未来的应用推广。对模型关键环节的介绍中，BIM 模型准备环节利用 Revit 软件建立了 BIM 模型，提取了 BIM 元素的角点坐标，为定位平面图像中目标检测结果提供了基本数据，也为建筑结构即时模型重建提供了模型基础。相机标定环节确定了建筑结构即时模型重建中的相机内外部参数标定方法以及相机的部署方案，建立了图像与三维空间之间的映射关系，为施工现场建筑结构图像中检测结果的三维定位提供了基本框架。识别与配准环节提出了一种基于粗配准算法的建筑构件三维定位方法，实现了目标检测结果与三维空间中建筑构件的一一配对，为施工进度信息的提取和建筑结构即时模型重建奠定了基础。进度推理环节中，不同构件的顺序关系被用于辅助推理未识别构件的存在，最终获得了施工进度。

综上所述，本章建立了构件检测结果与 BIM 元素的一一映射，实现了对施工进度的自动化采集，为建筑结构即时模型重建提供了基本的进度数据。尽管如此，研究过程中也发现进度信息采集模型存在缺陷——误差累积。理想条件下，BIM 模型在成像平面的投影可以和施工现场建筑结构图像完全重叠。但由于每幅图像对应的相机外部参数是通过两幅图像中特征点匹配后得到的，在长期迭代求解的过程中误差会发生累积，对最终的配准效果产生不良的影响。因此，在对建筑结构即时模型重建之前，还必须解决进度信息采集模型中相机外部参数误差累积的问题，以确保重建结果的准确性。

5 图像与 BIM 配准叠加效果修正模型

从现场图像中提取特征点迭代计算相机外部参数的过程是建立三维空间与二维平面映射关系的关键环节，其标定结果的准确性将直接影响后续粗配准和进度推理结果的精度。但是，在实际研究过程中发现，该模型中相机外部参数在多次迭代后会产生累积误差，给施工进度信息采集工作带来挑战。为了确保所建模型的精确性并满足工程实际使用要求，就必须构建图像与 BIM 模型投影之间的叠加效果修正模型，及时消除累积的误差。

5.1 叠加效果修正模型的构建

在进行图像叠加的过程中，当两幅图形重叠后，上层图像会将下层图像覆盖，无法形成对比，叠加效果修正也无从谈起。因此在提出叠加效果修正模型之前，必须首先明确图像叠加的实现原理。

叠加效果修正的目的是使施工现场建筑结构图像中的建筑与 BIM 模型在平面中的投影完全重叠。完全重叠意味着映射关系是准确的，外部参数标定结果是精确的。但是，在三维空间中，目标的形态由视点、观察点、缩放比例、旋转角度等参数决定，共 7 个自由度；而在平面中，目标的形态由水平位移、垂直位移、缩放比例和旋转角度决定，共 4 个自由度。用于调整三维目标形态与二维目标形态的参数无法建立精确的映射关系，所以平面比较不能实现参数的完全修正。但是，在本书中，叠加前这一映射关系是基本已知的，只是存在较小的误差。因此，通过评估叠加后目标形态的偏差即可实现对三维目标的微调，这就使得施工现场建筑结构图像与 BIM 模型投影的叠加效果修正具有了意义。

在偏差修正过程中，二维平面中缩放比例和旋转角度两个参数在三维空间中有对应的参数，可以实现直接的修正；水平位移偏差和垂直位移偏差没有直接对应的参数，但可以通过同时修正视点和观察点的位置实现。此外，为评估不同参数方案的精确程度，结合水平位移、垂直位移、缩放比例和旋转角度等参数设定了综合偏差指数。基于上述思想，本书构建了 BIM 平面野与施工现场建筑结构图像的叠加效果修正模型，如图 5-1 所示。BIM 平面野是指 BIM 模型在成像平面的界限。借助投影模型，可以将 BIM 平面野的成像视角调整至与施工现场建筑结构图像相同的视角，将 BIM 平面野叠加于施工现场建筑结构图像上方，调整上下两幅图像的透明度，不仅可以实现 BIM 模型与施工现场建筑结构的对比展示，还可以在施工现场建筑结构实时监控中识别计划与实际施工进度之间偏差。该模型综合测量 BIM 平面野与施工现场建筑结构图像的位移偏差、旋转偏差和缩放偏差来判断叠加效果，为投影模型的修正提供依据。

为了测定不同偏差值的大小，必须在图像中设置多个已知坐标的对应点。本书在综合考虑模型校准精度和操作便捷性的基础上，提出了“5 点测定法”，即用 5 个点综合测定位移偏差、旋转偏差和缩放偏差。首先在 BIM 平面野中选取 5 个关键点，选取原则为：

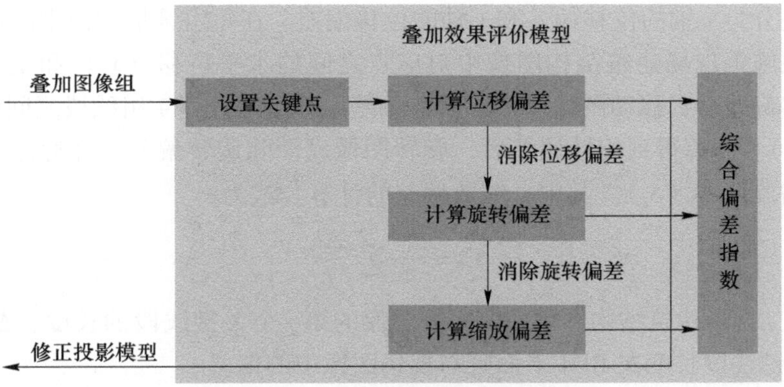

图 5-1 叠加效果修正模型

关键点的三维坐标已知，其在施工现场建筑结构图像中的对应点清晰；关键点应尽可能分散在图像中，中点靠近图像中心区域，其余点靠近图像四角。然后，将中心点与其他 4 个点连接成 4 条线段，如图 5-2 所示。在施工现场建筑结构图像中找到 5 个关键点的对应点，以相同的方法连接成 4 条线段，如图 5-3 所示。

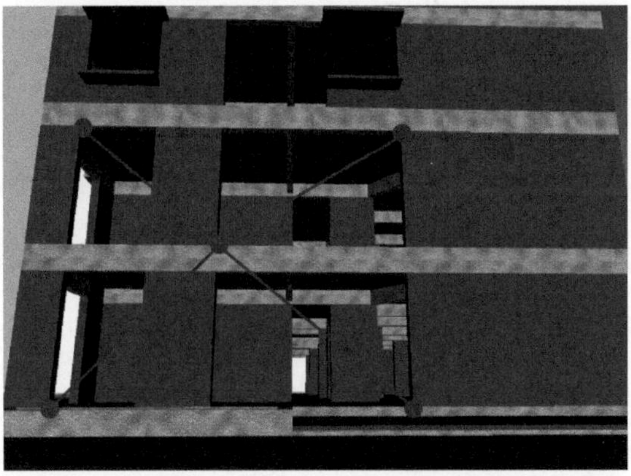

图 5-2 BIM 平面野关键点

图 5-3 施工现场建筑结构图像关键点

位移偏差分为 x 轴的位移偏差和 y 轴的位移偏差。在每组叠加图像中测量 BIM 平面野中心点与其在施工现场建筑结构图像中对应点之间的水平位移（x_i）和垂直位移（y_i）。计算得到位移偏差后，移动图像以消除位移偏差，并通过计算 4 组线段之间的夹角来测量旋转偏差（θ_i）。计算得到旋转偏差后，旋转图像以消除旋转偏差，并通过 4 组线段的长度差来测量缩放偏差（S_i）。其中，缩放偏差的计算公式为：

$$S_i = \frac{1}{4}\sum_{j}^{4}\frac{\Delta l_{ij}}{l_{ij}} \tag{5-1}$$

式中，l_{ij}为施工现场建筑结构图像中第 i 组图像的第 j 个关键线段的长度；Δl_{ij}为第 i 组图像中第 j 个关键线段长度在 BIM 平面野与现场图像中的偏差。

对位移偏差、旋转偏差和缩放偏差数据进行归一化处理后，偏差值分别为 x_i'、y_i'、θ_i' 和 S_i'，并据此计算综合偏差指数（I），计算公式为：

$$x_i' = \frac{x_i - \min x_i}{\max x_i - \min x_i} \tag{5-2}$$

$$y_i' = \frac{y_i - \min y_i}{\max y_i - \min y_i} \tag{5-3}$$

$$\theta_i' = \frac{\theta_i - \min \theta_i}{\max \theta_i - \min \theta_i} \tag{5-4}$$

$$S_i' = \frac{S_i - \min S_i}{\max S_i - \min S_i} \tag{5-5}$$

$$I = \frac{1}{4}(x_i' + y_i' + \theta_i' + S_i') \tag{5-6}$$

综合偏差指数是对施工现场建筑结构图像与 BIM 平面野之间偏差的综合度量，可用于定量比较偏差修正前后的两幅图像之间的配准效果。

5.2 图像叠加管理系统

在进行图像叠加的过程中，大量的数据需要处理，为了提高数据处理效率，本节设计并开发图像叠加管理系统。基于该系统，不仅可以分析、处理和校准相机外部参数，还可以评估叠加效果、显示实际进度与计划进度之间的偏差。

5.2.1 功能需求分析

在开发图像叠加管理系统之前，必须首先了解该系统需要具备的功能。根据施工进度信息采集方法中设定，并综合考虑系统在实际工程中的使用需求，分析得到 4 个主要的功能：相机管理、显示模式设定、叠加效果评价和相机参数校准。

（1）相机管理。BIM 模型为三维模型，在将其与施工现场建筑结构图像叠加前，必须确定相机的位姿参数，因此相机管理模块应允许用户录入相机的基本信息。每台相机对应一组内部参数，相机拍摄的每张照片对应一组外部参数。

（2）显示模式设定。不同叠加模式下，施工现场建筑结构图像与 BIM 平面野叠加后产生的效果不同，叠加后显示效果的好坏直接影响相机外部参数的准确性。BIM 模型的渲染模式、BIM 模型的选择性显示、两种图像的透明度和位置关系都对最终的叠加效果起着至关重要的作用。为了得到最佳的叠加效果以及便于管理者的调整，应设置显示模式设定功能区。BIM 模型可调整的参数包括：渲染模式、渲染颜色、旋转角度、透明度、亮度和对比度；施工现场建筑结构图像可调整的参数包括旋转角度、透明度、亮度和对比度。

（3）叠加效果评价。叠加效果评价模块主要用于评估施工现场建筑结构图像和 BIM 平面野的重叠程度。该模块允许用户输入对应已知点对的坐标数据，系统根据输入的坐标点计算位移偏差、旋转偏差和缩放偏差，最终得到综合偏差指数。用户根据综合偏差指数确定叠加效果，从而确定最接近理想重叠程度的相机外部参数。

（4）相机参数校准。相机参数校准主要是对相机外部参数的校准。该模块根据叠加效果评价模块得到的结果，在相机原始设定参数的基础上微调，确定最终的相机标定结果。该模块展示相机最终的标定结果，并可将标定结果导出为文件。

5.2.2 图像叠加管理系统开发

鉴于 Windows 系统的普及性、.Net 框架与 Windows 系统的适配性以及 Navisworsks 在 BIM 模型渲染与模拟方面的优越性，为实现 BIM 平面野与施工现场建筑结构图像的自动叠加，本书采用基于 Net Framework 4.6.1 框架的 Navisworks API 开发建筑施工图像叠加管理系统，并通过控制两种图像显示模式来调整叠加效果。建筑施工图像叠加管理系统界面如图 5-4 所示。

图 5-4 建筑施工图像叠加管理系统界面

如图 5-4 所示，摄像头可以在系统界面左侧选择，主要用于切换摄像头以调整相机参数。右侧分为四部分：两侧为不同时间点对应的 BIM 模型和施工现场建筑结构图像，两图的叠加结果显示在中间的图像框中，下方区域可以用于设定两个图像的显示参数。其中，BIM 模型的显示参数包括：渲染模式、旋转角度、透明度、渲染颜色、亮度和对比度；施工现场建筑结构图像的显示参数包括：旋转角度、亮度、透明度和对比度。中间图像框中显示了施工现场建筑结构图像与 BIM 平面野叠加后的效果，不仅可以用于评估叠加效果偏差，还可以用于显示计划 BIM 模型与已完工模型的偏差，帮助项目管理者直观了解施工进度情况。

5.3　叠加效果最佳参数值的分析与确定

图像叠加的目的是在同一位置显示两幅图像，要求叠加后的图像能明确区分两幅图像中的内容。在不同的参数条件下，图像叠加后的显示效果差异巨大。为了直观呈现叠加状态、在突出 BIM 模型构件的同时保留施工现场建筑结构图像中的细节，本节将分析对叠加效果产生影响的几个因素，寻找 BIM 平面野与施工现场建筑结构图像的最佳叠加参数设定。

影响 BIM 模型和施工现场建筑结构图像显示效果的参数众多，如与图像位姿相关的位置坐标、旋转角度、缩放尺度等参数；与图像颜色相关的色相、对比度、亮度、透明度等参数；与 BIM 模型显示方式相关的渲染模式、渲染颜色、BIM 模型选择性显示等参数。不同参数相互组合后产生的结果无法估量，分析所有参数组合后形成的所有结果不仅耗时耗力而且实际意义不大。例如，与图像位姿相关的因素可通过修正模型评估和修正，无需重复分析与讨论；与图像颜色相关的色相、对比度、亮度等因素虽然对图像的显示效果影响巨大，但默认情况下这些参数都已处于较优的设置，无需额外调整。因此本节重点研究对叠加效果影响强烈的几个关键参数，包括 BIM 模型的光源与渲染模式、BIM 模型的选择性显示和 BIM 平面野与施工现场建筑结构图像的透明度。

5.3.1　光源与渲染模式

在 Navisworks 中，可以通过调整光源和渲染模式来改变 BIM 模型的呈现状态，如图 5-5 所示，分别为隐藏线模式、线框模式、着色模式、全渲染模式和全光源全渲染模式。

(a)　(b)　(c)　(d)　(e)

图 5-5　BIM 模型的不同渲染模式

（a）隐藏线模式；（b）线框模式；（c）着色模式；（d）全渲染模式；（e）全光源全渲染模式

采用不同渲染模式，叠加施工现场建筑结构图像和 BIM 平面野，调整 BIM 平面野的透明度，可以观察到不同渲染模式下的叠加效果。从图 5-6 中可以看出，隐藏线模式和线框模式对比不够强烈，难以识别建筑构件；全渲染模式下施工现场建筑结构图像与 BIM

平面野无明显对比；在全光源全渲染模式和着色模式下，两幅图像对比效果明显，当 BIM 模型被设置为绿色时，BIM 模型识别度高，可以区分施工现场建筑结构和 BIM 模型。

图 5-6 不同渲染模式下叠加效果
（a）隐藏线模式；（b）线框模式；（c）着色模式；（d）全渲染模式；（e）全光源全渲染模式

上述结果表明，BIM 模型光源与渲染模式的最佳参数设定为：光源和渲染模式设为着色模式，模型颜色为绿色。

5.3.2 选择性显示

BIM 模型的选择性显示用于确定显示全部 BIM 元素或显示部分 BIM 元素，该因素对叠加效果有显著影响。如图 5-7 所示，当高亮显示所有 BIM 模型构件时，虽然可以区分实际施工现场建筑结构图像和 BIM 模型，但单个构件无法被区分，达不到对比突出的效果；但当突出显示 BIM 模型中被观察的构件时，构件对比明显；当突出显示 BIM 模型中被观察的构件而将其他构件隐藏时，构件对比明显且不影响施工现场建筑结构在其他区域的显示。因此，叠加前应调整好 Navisworks 中 BIM 模型的显示状态，以达到更佳的预期效果。

图 5-7 不同选择性显示下叠加效果
（a）高亮显示所有 BIM 模型构件；（b）突出显示 BIM 模型中被观察的构件；
（c）突出显示 BIM 模型中被观察的构件并隐藏其他构件

上述结果表明，BIM 模型选择性显示的最佳参数设定为：突出显示 BIM 模型中被观察的构件而隐藏其他构件。

5.3.3 透明度

图像透明度是影响叠加效果的又一个重要因素，不同的叠加方式下透明度的变化会产生不同的效果。如图 5-8 所示，上组叠加结果中［图 5-8（a）~（e）］，BIM 平面野置于下层，施工现场建筑结构图像置于上层，透明度从低到高；而在下组叠加结果中［图 5-8（f）~（j）］，施工现场建筑结构图像置于下层，BIM 平面野置于上层，透明度从低到高。透明度分别为 20%、35%、50%、65%和 80%。当施工现场建筑结构图像叠加在 BIM 平面野上方时，施工现场建筑结构图像透明度越低，施工现场建筑结构图像中的细节显示越明显，BIM 模型越不突出；当 BIM 平面野叠加在施工现场建筑结构图像上时，BIM 模型平面野的透明度越低，施工现场建筑结构图像遮挡越严重；当透明度合适时，两种方法都可以显示施工现场建筑结构的细节并突出显示被观察的 BIM 元素。

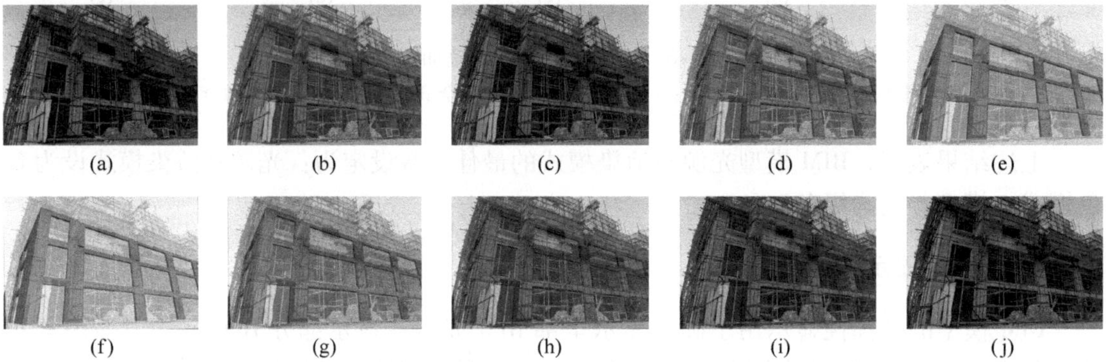

图 5-8　不同叠加方式和透明度下叠加效果

(a) BIM + 20% 现场；(b) BIM + 35% 现场；(c) BIM + 50% 现场；(d) BIM + 65% 现场；(e) BIM + 80% 现场；(f) 现场 + 20% BIM；(g) 现场 + 35% BIM；(h) 现场 + 50% BIM；(i) 现场 + 65% BIM；(j) 现场 + 80% BIM

上述结果表明，BIM 平面野与施工现场建筑结构图像透明度的最佳参数设定为：当 BIM 平面野被置于下层时，施工现场建筑结构图像的透明度设定为 35%～50%；当施工现场建筑结构图像被置于下层时，BIM 平面野的透明度设定为 50%～65%。

综上所述，为了直观呈现叠加状态，突出 BIM 模型构件，保留施工现场建筑结构图像中的细节，最佳的叠加显示方式为：在着色模式下突出显示被观察的 BIM 元素，并将上层图像透明度调整为 50%左右。在后续讨论中，组合模式为 BIM 平面野置于上层且将透明度设为 65%。

5.4　本 章 小 结

为了消除外部参数标定过程中累积的误差，确保进度推理过程和建筑结构即时模型重建结果的准确性，本章探讨了施工现场建筑结构图像与 BIM 模型的叠加校准方法，构建了叠加效果修正模型。在此基础上，为了提高修正的自动化水平，开发了图像叠加管理系统。然后，从光源与渲染模式、选择性显示和透明度三个方面，综合考虑模型设定和实际需求，确定了最佳的叠加参数值。分析结果表明，当在着色模式下高亮显示被观察的 BIM 模型元素、图像透明度设置为 50%左右时，叠加效果显示最佳。

6 建筑结构即时模型重建的随机离散生成机制

建筑结构即时模型重建是一个随着工程施工的逐步推进而同步实现的过程，这一过程不仅需要有效的结构模型构建方法，还需要与之相匹配的生成机制作保障，以满足建筑模型重建的即时性要求。因此，如何在施工现场建筑结构图像自动化采集的基础上，建立这一生成机制以实现建筑结构即时模型重建就成为本书需要解决的问题。

针对这一问题，本章将首先结合施工进度的自动化采集方法和4D-BIM模拟技术，构建建筑结构即时模型重建框架。为了便于后续研究并确保重建方法对所有自动化进度信息采集方式的兼容性，将分析自动化采集方法得到的进度表现形式，并规定进度信息的一般形式。在此基础上，提出BIM元素的随机离散生成机制，设计并开发Navisworks插件，为最终实现建筑结构即时模型重建提供有力的技术支持和保障。

6.1 建筑结构即时模型重建框架

通过自动化技术采集得到的施工进度信息是一组与时间锚定的数据，要想将进度数据转换为三维可视的建筑结构即时模型，必须首先建立BIM模型，并在此基础上利用4D-BIM模拟技术来实现对实际施工过程的即时再现。鉴于建筑结构即时模型重建依托于4D-BIM模拟技术，本节将首先介绍4D-BIM模拟技术，为建筑结构即时模型重建框架的构建和具体方法的提出奠定基础。

6.1.1 4D-BIM模拟技术

4D-BIM模拟是一种基于4D-BIM模型的模拟过程，在三维BIM模型的基础上增加时间轴，以三维动态地呈现目标模型[176]。4D-BIM模拟除了直观地呈现施工过程外，还可以根据不同的施工进度和时间在三维模型上标记不同的颜色，以表示建筑物在当前施工进度中的状态。4D-BIM模型较传统二维图纸更能可视化呈现施工现场不同结构之间精确的空间关系，使工程师更容易了解工程项目的各项细节、掌握工程进度、合理规划和安排人员的配置以及物料和机具的进场时间，增加施工方案的可靠性，使工程建设能够按计划进行。BIM模型中丰富的数据集为管理者分析施工现状、统筹决策提供了基础和支撑。在三维立体环境中，4D-BIM能够帮助管理者检测施工中的进度问题，使项目管理者和客户无论其专业知识水平如何都能在施工开始前理解空间约束、探索设计和施工备选方案。此外，使用可视化4D-BIM模型，可以为施工人员、设计师和监理人员提供比图纸更多的信息，为团队提供更好的项目描述性、解释性、评估性和预测性，使团队之间的沟通顺畅，帮助团队在项目实施上作出更完善的决策，提升工程项目建设质量。

4D-BIM模拟的一般流程为：使用核心建模软件创建3D-BIM模型，将进度计划导入

4D 模拟软件与 3D 模型构件链接起来，产生的 4D-BIM 模型通过在项目时间跨度上显示持续变化的 3D-BIM 模型来显示构件生成顺序。在该模型中，BIM 元素（建筑构件，如梁、板、柱、墙等）受计划进度表的约束，按照固定的顺序生成，一个构件生成后另一个构件接着生成。这种基于计划进度的施工过程模拟侧重于施工前研究，以便在施工开始后帮助管理者更好地管理现场。但该模拟无法根据实际施工进度自动更新 BIM 模型，因此其也无法用于对实际施工进度的即时展示。究其原因，在于实际施工进度信息无法与 BIM 模型中的元素建立一一映射关系，BIM 模型无法根据实际施工进度做出变更。尽管如此，4D-BIM 模拟技术也为建筑结构即时模型重建提供了平台和工具。

在面临的问题中，4D-BIM 模拟技术可以提供一个一致的可视化平台和一种按计划施工的通用语言，有助于帮助管理人员直观地了解施工过程，有利于增进管理人员之间的沟通。最重要的是，利用采集到的进度信息更新 BIM 模型，使 BIM 与实际施工进度同步，可以使管理者掌握全局，轻松获取资源和空间约束信息，更准确地分析和预测施工进度，便于决策。因此，本书在 4D-BIM 的基础上构建建筑结构即时模型重建框架。

6.1.2　建筑结构即时模型重建框架的构建

若要利用 4D-BIM 模拟技术，将前文研究中采集到的施工进度动态地呈现出来，实现 BIM 模型与实际施工进度的同步，就必须建立从施工现场到 BIM 模型的信息反馈路径。为此，本节将结合 4D-BIM 模拟技术和前文研究提出的施工进度自动化采集技术，构建建筑结构即时模型重建框架，实现 BIM 模型对工程项目实施状态的即时响应。该框架包括图像数据的采集、识别、配准、进度推理以及 BIM 软件对进度数据的响应，如图 6-1 所示。模型分为两个模块：施工进度自动采集模块和建筑结构即时模型重建模块。

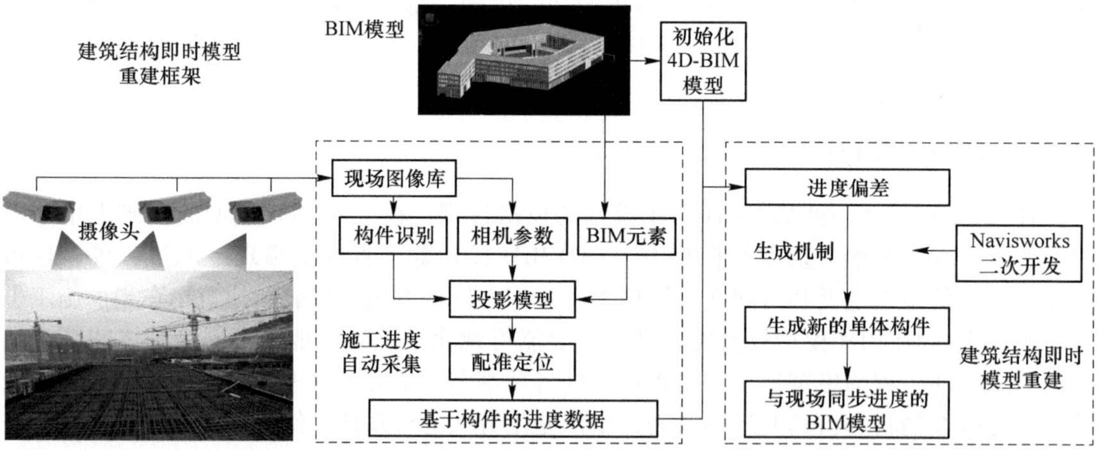

图 6-1　施工进度即时展现模型

施工进度自动化采集模块已在第 3 章 ~ 第 5 章中详细介绍，本章将重点介绍建筑结构即时模型重建模块。为了实现建筑结构的即时重建，将开发一种通用工具来更新 BIM，并在 BIM 模型中实时显示施工进度。与一般的 4D-BIM 相比，本书实现效果为：BIM 软件能够对比模型状态与进度数据之间的偏差，快速找到实时进度表对应的 BIM 元素，并利用生成机制修改现有 BIM 模型的状态，使之与施工现场的进度保持一致，从而实现对建筑结构的即时模型重建，具体原理和过程在6.3节中介绍。

此外，研究者认为建筑结构即时模型重建框架应具有通用性，不能局限于某项先进的采集技术，BIM软件可以根据任何自动化方法采集得到的实际施工进度更新BIM模型。若要实现该功能，必须首先分析现有的自动化进度信息采集方法，尤其是分析此类方法是否能够形成统一的进度数据，进而实现建筑结构即时重建模型与进度数据的有效衔接。

6.2 进度信息的表现形式

施工进度有多种表现形式，包括横道图、网络图、进度S型曲线等。横道图也被称为甘特图，以图形和表格的形式通过活动列表和时间刻度表示施工活动顺序关系和持续时间，是一种通用的进度表示方法[177]。横道图具有简洁、清晰、便于编制的特点，被广泛应用于工程项目管理中。网络图是由箭线、节点和线路组成的，分为单代号网络和双代号网络[178]。在不同的网络中，箭线和节点有不同的含义。单代号网络用节点表示工作，用箭线表示工作之间的关系；双代号网络用箭线表示工作和走向，用节点表示工作的开始与结束。在网络图中，线路表示从起点到节点的通路，工期最长的线路也被称为关键线路。构成关键线路的工作决定着项目的工期，必须被优先保证。进度S型曲线也被称为“香蕉”曲线，由两条首尾连接的S形曲线组成，横坐标为时间，纵坐标为工作量[179]。“香蕉”曲线中两条曲线都表示进度，其中一条表示工作按照最早开始时间开始而形成的进度，被称为ES曲线；另一条曲线表示工作按照最晚开始时间开始而形成的进度，被称为LS曲线。在实际的施工过程中，实际进度形成的曲线应位于两条曲线之间。

由上述分析可知，以工序为最小单位是不同进度表示形式的共同特点。然而，当前自动化的施工进度信息采集技术采集得到的进度都是以建筑构件为单位的。例如，基于标签的方法将标签与构件链接在一起；基于激光的方法通过判断点云占有的空间判断构件的存在；基于BIM反向投影的方法通过投影区域材料的变化来判断构件的存在。因此，需要重新定义施工进度数据的表示形式，以满足自动化和数字化管理的需求。

一般来说，通过自动化技术采集得到的施工进度数据更准确、更具体，可以细化到建筑的每个构件。因此，实际的施工进度数据都可以表示为以下形式：

$$\text{Item} = T + \text{ID} + S \tag{6-1}$$

式中，Item为一条进度数据；T为进度数据记录的时间；ID为建筑构件的编码或BIM元素的ID；S为构件当前的状态，如未建造、已支模、已浇筑、已完工等。

本书称这种形式的进度数据为基于构件的进度，即进度信息由建筑构件的状态信息组成。在后续的建筑结构即时模型重建方法研究中，统一采用这种形式的施工进度数据。

6.3 建筑构件生成机制

由前面分析可知，虽然现有的4D-BIM技术无法实现对实际施工进度的即时再现，但BIM模型和BIM软件是再现三维场景及相关功能的最好工具，所以实现建筑结构即时模型重建的最优方案是在原有BIM软件的基础上开发插件，实现BIM模型与外部进度数据的链接。因此，必须根据现有4D-BIM模拟软件的特点，构建满足即时生成建筑构件的机制，并利用插件将该机制融合于BIM软件中，最终实现建筑结构即时模型重建。

6.3.1 4D-BIM 模拟软件

目前，被认可的 4D 管理软件主要有 Autodesk 公司的 Navisworks、Bentley 公司的 Navigator 和 Intergraph 公司的 SmartPlant Review 等[180]。在我国的工程建设与管理中，普遍使用了 Autodesk 公司的系列建模和模拟软件，考虑到与其他 BIM 软件的兼容性，本书将 Navisworks 作为 4D 模拟平台，其优势如下。

（1）实景漫游。Navisworks 可以将模型压缩为独特的缓存格式文件，减少了查看模型所占用的电脑系统内存，从而可以制作大规模的工程三维场景。实时漫游和审阅的功能支持用户实时地分析集成的项目模型。

（2）数据链接。外部数据库的链接功能可以利用数据库存储模型属性信息及其他工程相关信息，从而将场景中的模型与其属性一一对应，便于仿真信息的查询。

（3）4D 模拟。软件所具有的 4D 模拟功能可以将模型与施工进度链接，直接生成施工过程的可视化仿真动画，从而避免了使用其他软件所进行的二次开发的工作。

（4）二次开发接口。Navisworks 软件提供软件二次开发的应用程序编程接口 API，功能强大，开发过程简单，最大限度地扩大对 Navisworks 进行定制的可能。

此外，本书所采用的 3D 模型在 Autodesk Revit 软件中形成，与 Autodesk Navisworks 具有良好的兼容性。因此，考虑到 Navisworks 的优势以及下一步二次开发的便捷性，本书采用 Navisworks 作为 4D 模拟软件。

6.3.2 随机离散生成机制的提出

由前文分析可知，4D-BIM 模拟无法用于建筑结构即时模型重建的主要原因在于实际施工进度信息无法与 BIM 模型中的元素建立一一映射关系，BIM 模型无法根据实际施工进度做出变更，其根本原因为现有 BIM 软件缺少随机离散生成 BIM 元素（构件）的机制。该机制应具备两个特性：随机性和离散性。

（1）随机性是指 BIM 软件可以根据外部指令生成某个或某些建筑构件，而不是按照固定的顺序生成所有构件，这意味着 BIM 软件能够根据施工现场的实际情况，产生对应的模型构件。随机生成不是建筑构件的生成顺序的混乱，而是指一种生成机制。在随机生成机制下，每个构件都可以单独地生成，而不受其他构件生成顺序的影响。

（2）离散性是指模型的生成是以建筑构件为单位的，而不是连续地生成。由于 BIM 模型以建筑构件为单位创建，并且施工模拟以建筑构件为单位，即外部数据所表示的建筑构件生成过程是离散的，所以只要将采集的进度链接到具体的 BIM 元素，即可实现建筑构件的离散生成。

根据上述两个特性可知，随机离散生成机制是 BIM 模型根据施工进度表实时更新的保障，其实现方式为：将采集的进度数据与具体的 BIM 元素链接，并利用 Navisworks 插件根据采集的实时进度数据改变 4D-BIM 模型的显示状态，如图 6-2 所示。

在建筑构件即时模型重建模拟中，随机离散生成机制的作用是保障 4D-BIM 模型的持续更新。首先，建筑结构即时模型重建模拟建立在施工进度的自动化采集基础上，采集的进度信息细化到每一构件。由 6.2 节中的分析可知，现有的施工进度自动化采集方法都可以采集到基于构件的施工进度，所以随机离散生成机制适用于大部分现有的施工进度信息

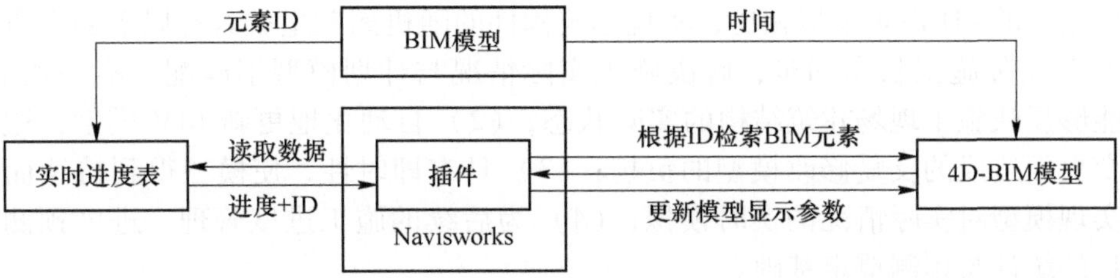

图 6-2　随机离散生成机制

采集技术。本书提出的建筑结构即时模型重建框架中，施工进度的采集是基于目标检测和三维粗配准的，该方法将采集到的进度信息直接与 BIM 模型中的元素建立映射关系，确保了进度信息与 BIM 元素的一一对应。在获得基于构件的施工进度表后，利用 Navisworks 插件从 BIM 模型中搜索对应的 BIM 元素，并修改渲染条件实现 BIM 模型的初始化。在获得更新后的施工进度信息后，以相同的方法更新 BIM 模型元素中的渲染条件，即可实现对动态施工过程的即时模拟。因此，随机离散生成机制是建筑结构即时模型重建的重要环节，其作用机理如图 6-3 所示。

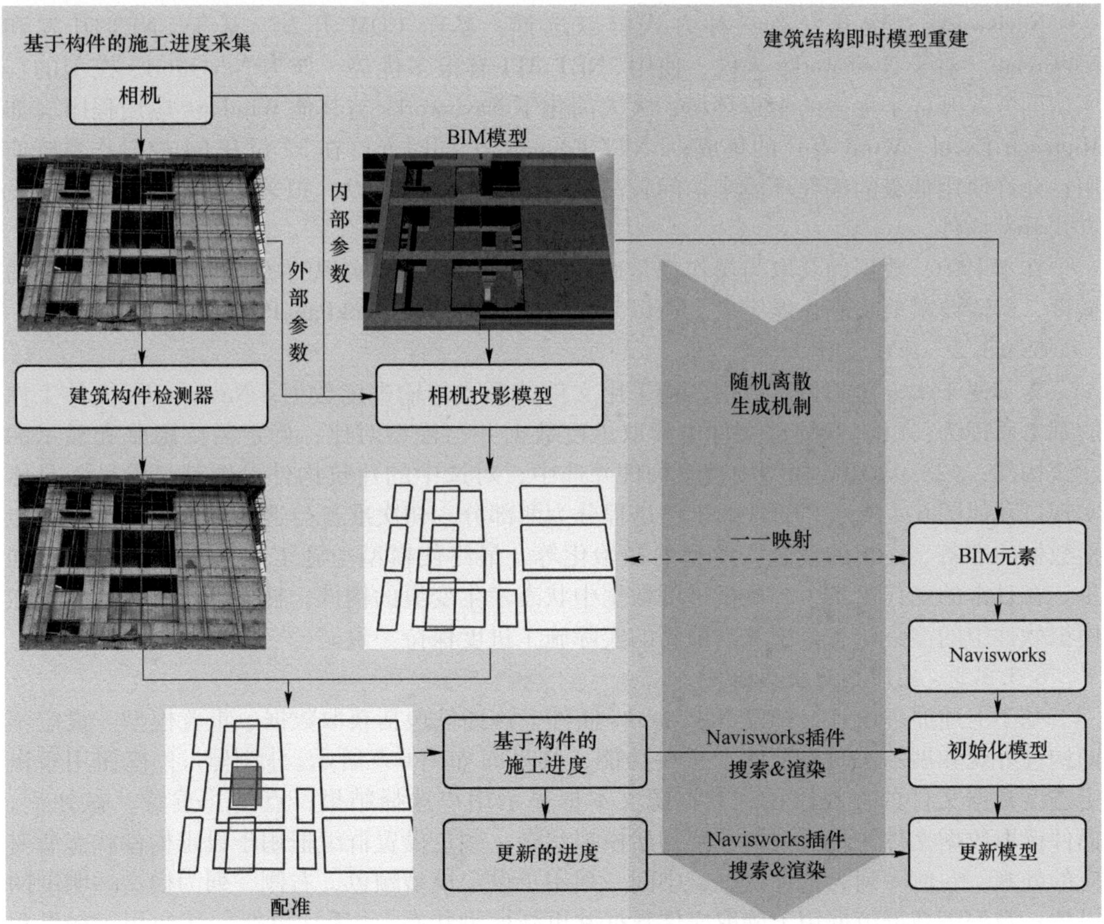

图 6-3　随机离散生成机制在建筑结构即时模型重建中的作用

与计划式的4D-BIM模拟相比，实现建筑构件的随机离散生成具有以下四个方面的优势：(1) 与实际施工状态同步，解决施工实际情况与计划模型不匹配、不一致的问题，使模型能够反映施工现场建筑结构的实际状态；(2) 自动化地更新BIM模型，避免因施工顺序变更而造成的反复修改模型的负担；(3) 具有即时性，使模型得到持续而快速的更新，实现模型对实际情况的实时模拟；(4) 为后续的施工进度管理、进度预测、施工费用信息的统计与预测奠定基础。

6.3.3 随机离散生成机制的构建

为实现BIM元素的随机离散生成，使BIM模型得到即时更新，本节将介绍该机制的设计过程和具体实现方法，并阐述Navisworks插件的功能和设计理念。

6.3.3.1 开发环境与设定

在6.3.1节分析中，Autodesk Navisworks被选为4D模拟软件，其运行平台为Windows系统。鉴于Windows系统与Microsoft Visual Studio编译器的高度适配性和大众性，选择在Windows 10系统上利用Microsoft Visual Studio 2019对Autodesk Navisworks进行二次开发。此外，由于Navisworks由C#编写而成且提供了C#版应用程序接口，因此采用C#作为二次开发的语言。

Navisworks二次开发有三种方式可以选择：基于COM开发、基于.NET开发和NWCreate。对于Navisworks来说，使用.NET API有很多优势，如为Navisworks模型的程序访问方式开辟了更多的编程环境；大大简化了Navisworks与其他Windows应用程序（如Microsoft Excel、Word等）的集成；.NET Framework同时允许在32位和64位操作系统使用；允许使用低级的编程环境来访问较高级的编程接口。所以，拟采用基于.NET的开发方式开发插件。

在本书中，数据的获取与操作都是通过插件完成。所要实现的功能不需要特别复杂的插件，但需要赋值指令才能完成，所以采用的插件类型为DockPanePlugin插件。

6.3.3.2 原理设计

为了便于本方法的拓展应用，拟采用文件的形式传输进度数据。Navisworks插件工作的基本原理为：(1) 从外部文件中读取进度数据并与模型对比，确定需要隐藏和显示的建筑构件；(2) 从BIM模型中搜索构件并选中，对选中的建筑构件设置其显隐性，具体实现过程如图6-4所示。插件的工作过程分为两部分：初次准备与迭代更新。初次准备包括数据的准备、面板的设置、模型的初始化等，最终使模型与施工现场建筑结构进度同步。在日常的迭代更新中，分析进度数据中状态发生变更的构件，搜索该构件并改变其在模拟软件中的渲染状态，使其与最新的实际施工进度保持一致。

6.3.3.3 插件界面及功能

基于上述原理设计，开发Navisworks插件，该插件包括获取数据、重置模型、设定不同构件外观和展示实时模型四个主要功能，其界面如图6-5所示。[浏览...]按钮用于设定进度数据文件的存放路径，数据源文本框显示用户选择结果；点击[重置]按钮后，插件读取数据文件并将模型调整到初始模拟状态；颜色设置群组框用于设定构件状态所对应的外观，左侧一列为构件状态，中间一列用于设定模型颜色，右侧一列为模型透明度的设置；数据更新群组框用于读取文件数据并更新模型状态，[手动更新]按钮用于触发程序的运行，自动更新单选按钮用于固定间隔时间重复触发程序运行。

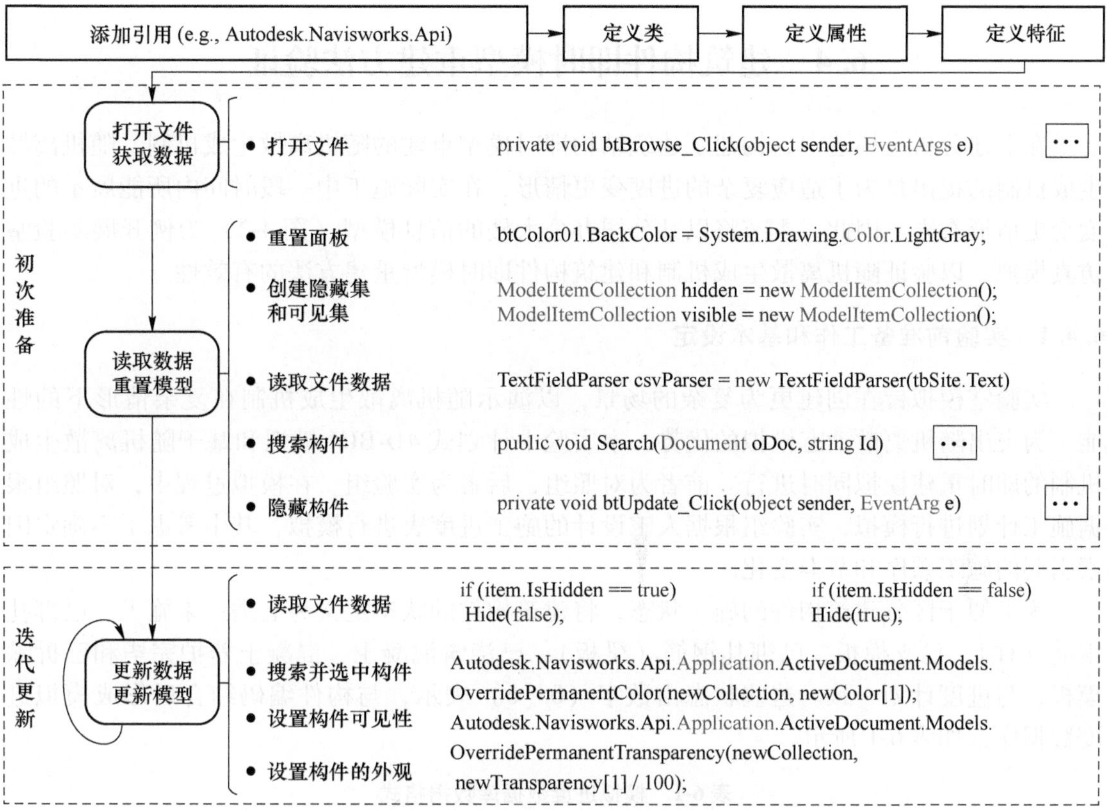

图 6-4　Navisworks 插件设计原理

图 6-5　Navisworks 面板插件界面

6.4 建筑构件即时模型重建方法验证

在上述分析与描述中，构建了建筑结构即时模型重建的随机离散生成机制。随机离散生成机制的提出是为了适应复杂的进度变更情形，在实际施工中一段时间内所能展示的进度变更情形有限。因此，本节将以某公司办公大楼的信息模型（图 4-2）为例开展实验室仿真模拟，以验证随机离散生成机制和建筑构件即时模型重建方法的有效性。

6.4.1 实验前准备工作和基本设定

实验室模拟旨在创建更为复杂的场景，以演示随机离散生成机制在复杂情形下的性能。为突出随机离散动态模拟的优势，本实验中计划式 4D-BIM 模拟和基于随机离散生成机制的即时重建模拟同时进行。前者为对照组，后者为实验组。在模拟过程中，对照组根据施工计划进行模拟，实验组根据人工设计的施工进度表进行模拟，其中考虑了不确定因素引起的施工顺序和节奏变化。

为了便于区分建筑构件的施工状态，将建筑构件的状态定义为七类：未施工、已绑扎钢筋（柱）、已支模板、已绑扎钢筋（梁板）、已浇筑混凝土、混凝土养护完毕和已拆除模板，与进度计划一致。这些状态由数字（0 ~ 6）表示，与构件编码结合后形成模拟进度数据库，如表 6-1 所示。

表 6-1 模拟进度数据库数据格式

构件编码	BIM 元素 ID	构件状态					
		第 1 天	第 2 天	第 3 天	第 4 天	第 5 天	…
B1F1-C-A031	976955	1	2	2	3	3	

将 Revit 模型导入 Navisworks 后，调整模型的渲染模式以改善显示效果。在视点选项卡的渲染样式中，调整渲染模式为“着色”，如图 6-6 所示；用鼠标右键单击空白处，设置背景模式为渐变、颜色为默认，如图 6-7 所示。

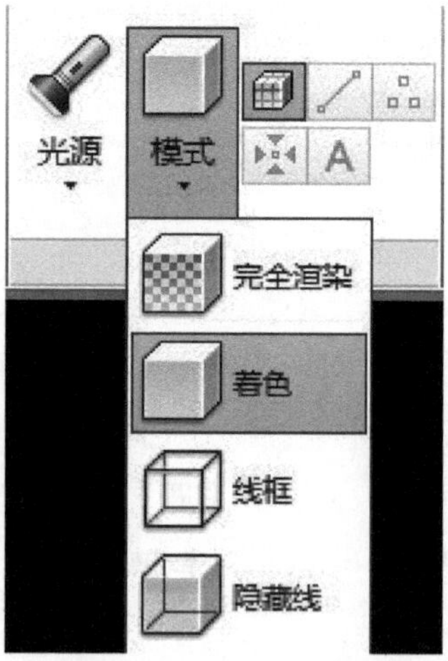

图 6-6 渲染模式设置

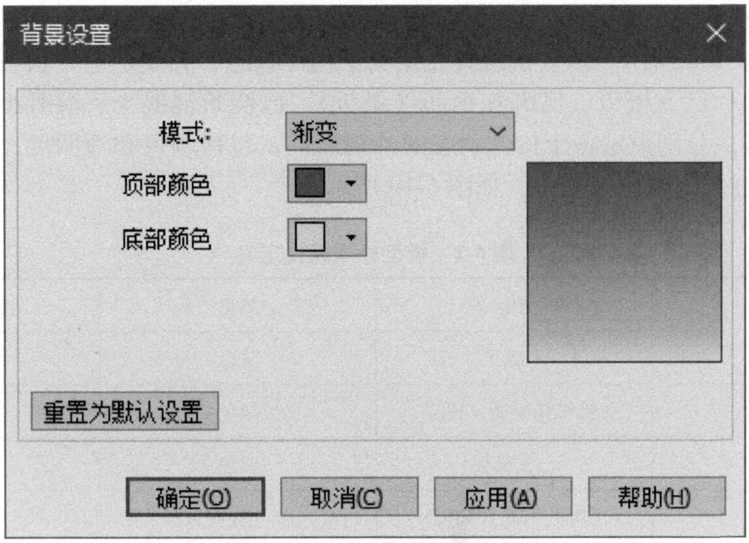

图 6-7 背景设置

打开开发的插件面板，获取建筑构件明细表位置，如图 6-8 所示；然后点击浏览按钮，选择数据文件，并将模型重置到开始状态，如图 6-9 所示。

图 6-8 获取明细表位置

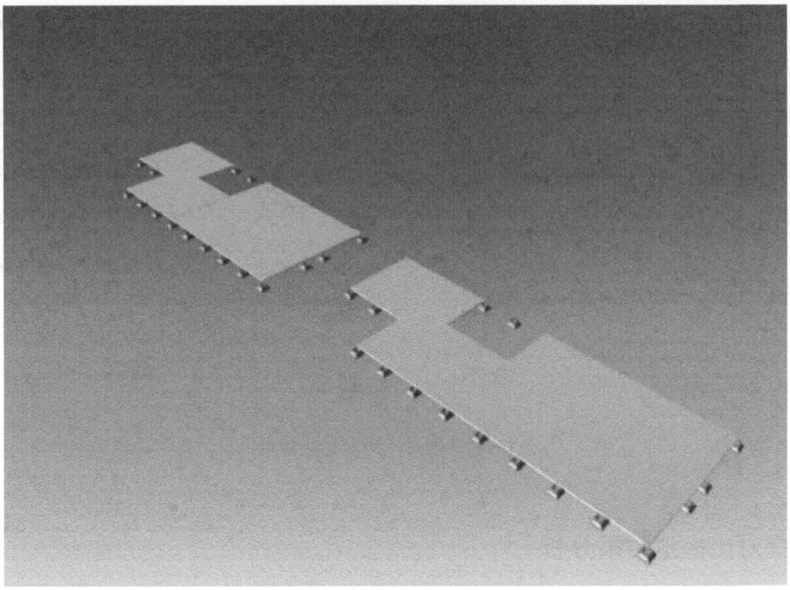

图 6-9 模拟开始状态

为区别显示某一固定时间建筑物各部分构件所属的不同施工状态，设定不同状态模型外观属性，如表 6-2 所示。本次模拟首先定义了构件状态，共设定七个状态［未施工、已绑扎钢筋（柱）、已支模板、已绑扎钢筋（梁板）、已浇筑混凝土、混凝土养护完毕、已拆除模板］；其次分别设定各个构件状态的外观属性，包括颜色和透明度；最后将设定好的模型外观属性录入模拟面板中，如图 6-10 所示。

表 6-2　模型外观属性定义

状态编号	构件状态	颜色	透明度①/%
0	未施工	灰色	100
1	已绑扎钢筋（柱）	绿色	50
2	已支模板	黄色	50
3	已绑扎钢筋（梁板）	橙色	50
4	已浇筑混凝土	粉红	50
5	混凝土养护完毕	蓝色	50
6	已拆除模板	灰色	0

①透明度为 100% 表示全透明；透明度为 50% 表示半透明；透明度为 0% 表示不透明。

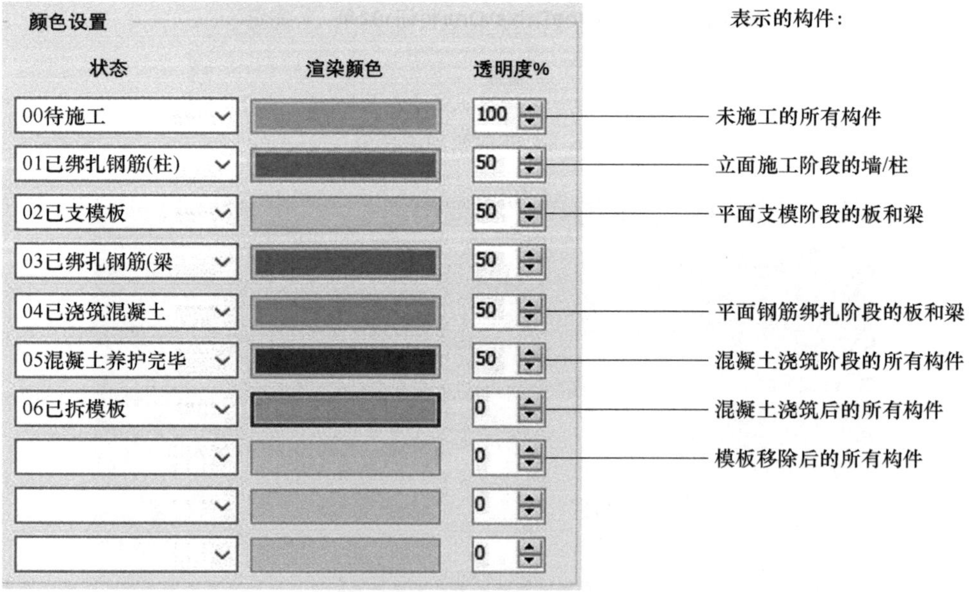

图 6-10　模型外观属性设置

6.4.2　实验室对比模拟结果分析

实验室模拟过程以某公司办公大楼为例进行，建筑物采用钢筋混凝土结构，流水施工作业。计划式4D-BIM模拟和本书提出的基于随机离散生成机制的即时模型重建模拟同时进行。

在计划式4D-BIM模拟中，按照施工段划分原则，在平面上将工程划分为4个施工段；在竖向划分5个施工层，即结构层与施工层相一致；施工顺序为结构柱钢筋绑扎、支模板、梁与板钢筋绑扎和浇筑混凝土；由4个施工小组流水施工，流水步距为3天。

在随机离散动态模拟中，在计划式4D-BIM模拟基础上对施工顺序进行干扰。为模拟实际施工中不确定因素对施工顺序和节奏造成的影响，基于实际施工进度设定典型的3个不确定情形：(1) 在建筑主体施工期间，由于客观原因造成第13天负责柱体钢筋绑扎工作的A组延误3天（施工进度延误）；(2) 为尽可能减少对总工期的影响，施工方决定临时增加施工人员（加快施工进度）；(3) 自第31日起，由于客观原因造成B组改变施工顺序，先完成三层第四工段的柱体钢筋绑扎任务后再完成三层第三工段的柱体钢筋绑扎任务（施工顺序变更）。

实验室模拟中，由Navisworks插件读取进度数据并调整BIM元素的显示状态，以表示施工进度。模拟结果如图6-11所示，共展示了12个时间点的施工进度，每组图像中计划式4D-BIM模拟结果（上图）和基于随机离散生成机制的即时模型重建模拟（简称“即时重建模拟”）结果（下图）对照比较。

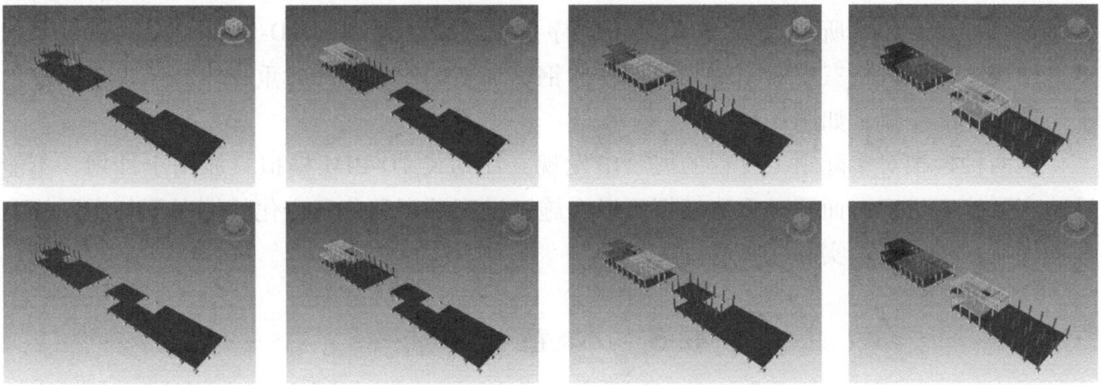

(a)　(b)　(c)　(d)

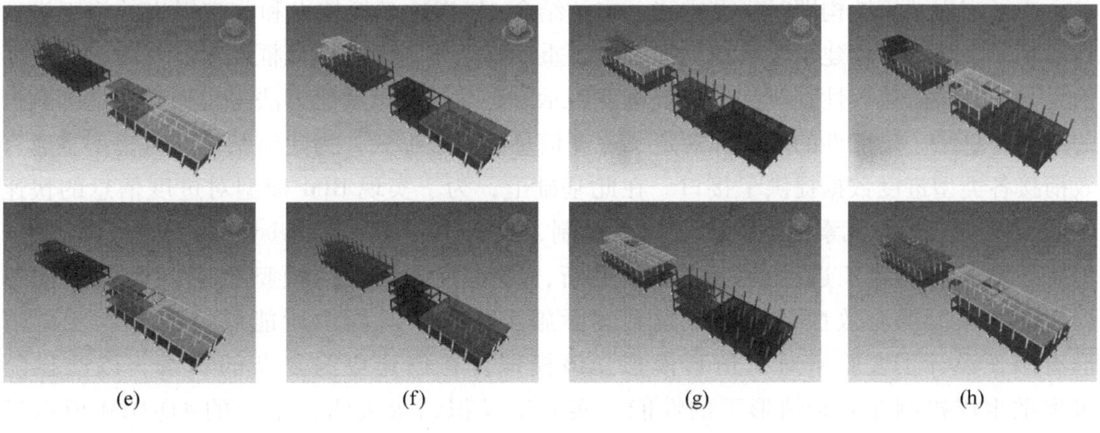

(e)　(f)　(g)　(h)

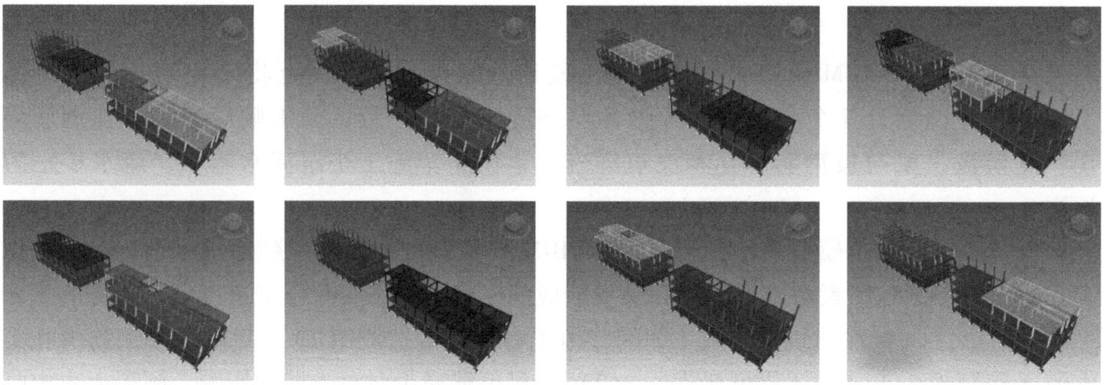

(i)　(j)　(k)　(l)

图 6-11　34 天模拟结果对比

(a) 第 1 天；(b) 第 4 天；(c) 第 7 天；(d) 第 10 天；(e) 第 13 天；(f) 第 16 天；(g) 第 19 天；(h) 第 22 天；(i) 第 25 天；(j) 第 28 天；(k) 第 31 天；(l) 第 34 天

从图 6-11 中可以看出，主体施工的前 10 天，计划式 4D-BIM 模拟进度和即时重建模拟进度相同。从第 13 天开始，两种模拟结果呈现出差异，即时重建模拟中正确反映了实际施工进度的延误，而计划式 4D-BIM 模拟中呈现了原始的施工进度，如图 6-11（e）所示。从第 16 天起，施工进度延误后，施工过程加快，即时重建模拟正确反映了这一过程，如图 6-11（f）~（j）所示。第 31 天施工顺序发生改变，计划式 4D-BIM 模拟结果显示施工进度按原计划进行三层第三施工段的柱体钢筋绑扎工作，而即时重建模拟结果正确显示了当前施工的位置，如图 6-11（k）所示。

从两种模拟对实际施工过程的展示中发现，计划式 4D-BIM 模拟只能用于计划，不能反映实际施工进度；而即时重建模拟可以在施工进度顺序和节奏变化的情况下与实际施工过程保持一致，反映实际施工进度。

6.5　本章小结

为了实现建筑结构即时模型重建，本章结合 4D-BIM 模拟技术和前文提出的施工进度自动化采集技术，构建了建筑结构即时模型重建框架。为了确保该框架对所有自动化进度信息采集方法的兼容性，对比了传统进度表示方法与通过自动化方法采集得到的进度数据的差别，总结了一般性的规律并规定了进度信息的一般形式，为建筑结构即时模型重建有效衔接各类型进度数据提供了接口。在此基础上，为了实现 BIM 模型对进度信息的快速响应，提出了 BIM 元素的随机离散生成机制，设计并开发了 Navisworks 插件，实现了 BIM 模型与实际施工进度的即时同步更新，即建筑结构即时模型重建。为了验证所提机制和模型的有效性，并且考虑到实际施工中一段时间内所能展示的进度变更情形有限，设计了实验室对比仿真模拟。该模拟旨在创建更为复杂的场景，以凸显随机离散生成机制在复杂情形下的性能。实验室模拟结果表明，常规的 4D-BIM 模拟只能用于规划；而基于 BIM 元素随机离散生成机制的建筑结构即时模型重建模拟能够在施工顺序和节奏发生变化时，与实际施工过程保持一致，反映施工现场建筑结构实际状态。

7 建筑结构即时模型重建管理系统开发与仿真

前文研究实现了建筑结构的即时三维重建，重建过程涉及建筑构件识别与配准、相机标定、图像叠加与校准、施工进度推理、即时动态展示等多个环节，每个环节都有其对应的模型和方法。这些模型和方法涉及不同的软件，必然产生复杂的操作和频繁的数据传递，不利于非专业人员对方法的掌握。

为了促进建筑结构即时模型重建技术的广泛应用，必须设计并开发综合的建筑结构即时模型重建管理系统，将诸多复杂操作集于一体，为建筑结构即时模型重建技术的推广应用提供便捷工具。而如何设计这一系统并验证系统的有效性就成为本书最后需要研究和解决的问题。

7.1 管理系统的设计思想

7.1.1 主要功能模块设计

系统设计的过程是就是解决问题的过程。在编程中，解决问题可以采用面向对象的方法，也可以采用面向过程的方法。其中，面向对象是将问题分解为各种对象，建立对象的目的不是完成一个步骤，而是描述该对象在整个解决问题的过程中的行为；面向过程就是分析解决问题所需要的步骤，然后通过函数一步步实现这些步骤。本节将结合上述两种思想，分析本系统的设计思路与方案，梳理主要的功能模块。

从面向对象的角度来看，涉及的对象包括：图像集、建筑构件检测器、BIM 模型、相机、建筑物（施工现场建筑结构）、操作者等。从面向过程的角度来看，涉及的过程可分为准备阶段和执行阶段，准备阶段包括构件检测器训练、BIM 模型准备、相机标定和图像采集等步骤；执行阶段包括标定结果校准、识别与配准、进度推理、即时模拟等步骤。在准备阶段，系统各步骤以对象为中心展开，操作通常只涉及一个对象，适用于面向对象的方法；而在现场执行阶段，系统各步骤与对象的关系不明显，主要以先后衔接的过程为主，适用于面向过程的方法。因此，本书结合面向对象和面向过程两种设计思路，通过对系统中各对象和各过程的分析，梳理系统应具备的主要功能。

经过梳理分析发现，建筑结构即时模型重建管理系统必须包含 6 个主要功能模块，分别为 BIM 模型管理模块、相机管理模块、施工现场图像管理模块、施工进度信息采集模块、配准偏差修正模块和建筑结构即时模型重建模块。6 个主要功能模块中不包含建筑构件检测器训练相关的工作，这是因为建筑结构即时模型重建管理系统面向的用户是项目管理者，而训练图像集的采集与标注过程和建筑构件检测器的训练过程应在实验室研究中由研究人员执行。6 个主要功能模块如下：

（1）功能模块 1——BIM 模型管理。该模块以 BIM 模型为中心，用于处理与 BIM 模型基础信息提取相关的操作。该模块包括两个功能点：提取 BIM 元素 ID 和提取 BIM 元素角点坐标。输入/前置条件为 BIM 模型及其 IFC 文件；输出为 BIM 模型中元素的 ID 和 BIM 元素所有角点的坐标。

（2）功能模块 2——相机管理。该模块以相机为中心，用于管理与相机自身相关的操作以及每台相机首幅图像的外部参数标定操作。该模块包含两个功能点：记录相机内部参数和标定相机初始外部参数。输入/前置条件为相机基本信息、相机内部参数、初始图像、初始图像中已知点对的二维和三维坐标；输出为相机基本信息、相机内部参数和相机初始外部参数。

（3）功能模块 3——施工现场图像管理。该模块以从施工现场采集的图像为中心，用于记录图像的各项参数，尤其是每个图像对应的外部参数。该模块包含两个功能点：迭代计算相机外部参数和管理相机外部参数。输入/前置条件为施工现场建筑结构图像、初始图像、相机内部参数和相机初始外部参数；输出为每幅施工现场建筑结构图像对应的相机外部参数。

（4）功能模块 4——配准偏差修正。该模块用于评估图像叠加效果并修正配准偏差，即当叠加效果较差时，该模块可用于校准相机外部参数并消除其迭代误差。该模块包含两个功能点：评价叠加效果和校准相机外部参数。输入/前置条件为 BIM 模型、施工现场建筑结构图像、相机内部参数、图像对应的相机外部参数、已知点对的二维和三维坐标；输出为叠加效果综合偏差值和相机外部参数修正值。

（5）功能模块 5——施工进度信息采集。该模块为系统的核心环节，在上述模块的基础上进行推理计算，最终获得施工进度。该模块包含两个功能点：识别、配准与推理和汇总施工进度信息。输入/前置条件为 BIM 模型角点坐标、施工现场建筑结构图像、建筑构件检测器、相机内部参数和图像对应的相机外部参数；输出为施工进度表。

（6）功能模块 6——建筑结构即时模型重建。该模块是一个三维展示模块，用于将模块 5 中得到的进度信息直观地反映在 BIM 模型中。该模块包含一个功能点，即建筑结构即时模型重建。输入/前置条件为 BIM 模型和施工进度表；输出为即时动态的 BIM 模型。

7.1.2 交互与信息传递流程

多主体多环节的操作使得系统的信息传递路径复杂，为了阐明不同阶段系统外部软件和用户之间的交互关系以及 6 个主要功能模块之间的信息传递关系，绘制了信息传递流程图，如图 7-1 所示。紫色单元表示外部程序或数据，蓝色单元表示外部操作，粉色单元表示系统后台操作，绿色单元表示过程中产生的数据表。

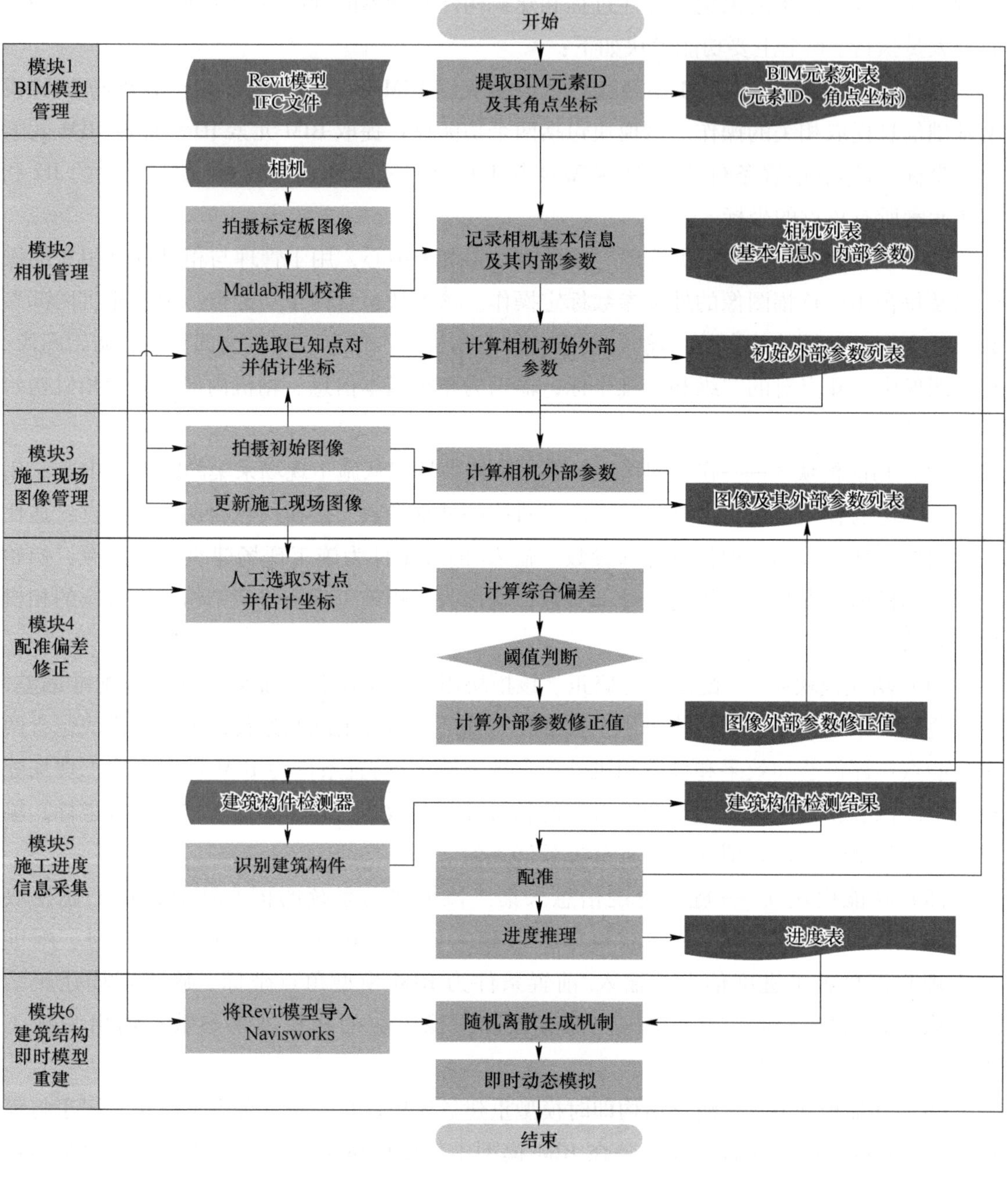

图 7-1　信息传递流程图

7.2　系统界面设计

系统界面不仅是设计思路的外在表现，也是用户与系统交流的媒介。基于上述设计思路，本书设计了建筑结构即时模型重建管理系统的界面，不同界面之间的逻辑关系如图 7-2 所示。其中，除欢迎界面和登录界面外，其他界面都位于系统主界面中。本节将介

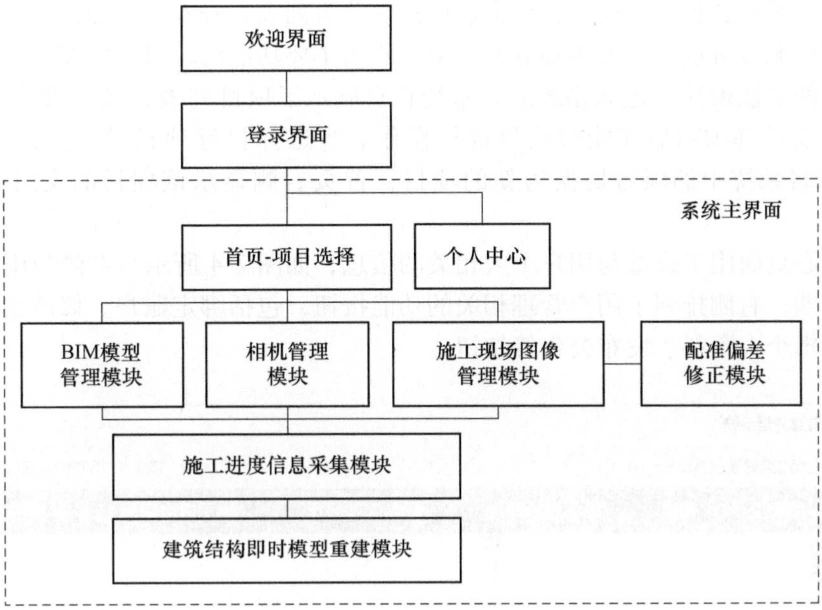

图 7-2　系统界面逻辑关系

绍这些界面包含的内容及相关功能的使用方式。

7.2.1　系统主界面与个人中心

系统主界面是用户进入系统后见到的第一个界面，如图 7-3 所示。最上一栏左侧显示

图 7-3　系统主界面

了公告通知，各项公告滚动播放，点击后可进入公告列表，查看具体公告。右侧为用户信息，点击用户账号可进入个人中心界面。第二栏为主要功能模块对应的按钮，点击按钮可跳转至具体的功能模块。进入系统后，系统首页展示了项目列表，在管理多个项目时使用，用户需要选择项目后才能对项目进行操作。当选择目标项目后，点击［载入项目数据］即可将系统中的项目切换为新的项目，首页右侧显示该项目的实时画面和基本信息。

个人中心页面用于设置与用户个人相关的信息，如图 7-4 所示。左侧为用户头像、账号和注册日期；右侧排列了用户管理相关的功能按钮，包括绑定账户、修改密码、用户类别设定、编辑个人资料、发布公告等按钮。

图 7-4　个人中心页面

7.2.2　主要功能模块

在系统主界面中，除了首页和个人中心，还包含了 6 个主要的功能模块：BIM 模型管理模块、相机管理模块、施工现场图像管理模块、配准偏差修正模块、施工进度信息采集模块和建筑结构即时模型重建模块。

（1）BIM 模型管理模块。BIM 模型管理模块是以 BIM 模型为中心而设计的模块，其界面如图 7-5 所示。界面左侧一栏用于 BIM 模型及其 IFC 文件的载入，IFC 文件载入后，后台读取 IFC 文件中的构件信息，包括元素 ID 和角点坐标。界面右侧一栏显示了 BIM 模型中的所有构件的基本信息，包括元素 ID、构件类型、角点数和角点坐标，通过勾选上方的分类多选框可以选择性显示分类构件。

（2）相机管理模块。相机管理模块是以相机为中心而设计的模块，其界面如图 7-6 所

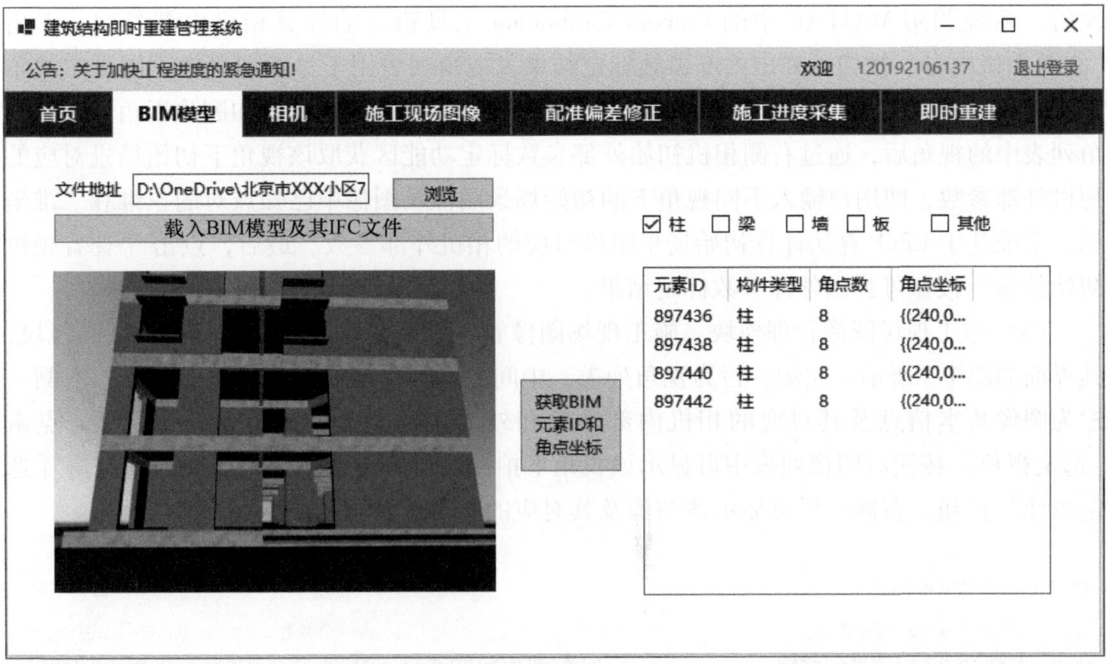

图 7-5 BIM 模型管理模块

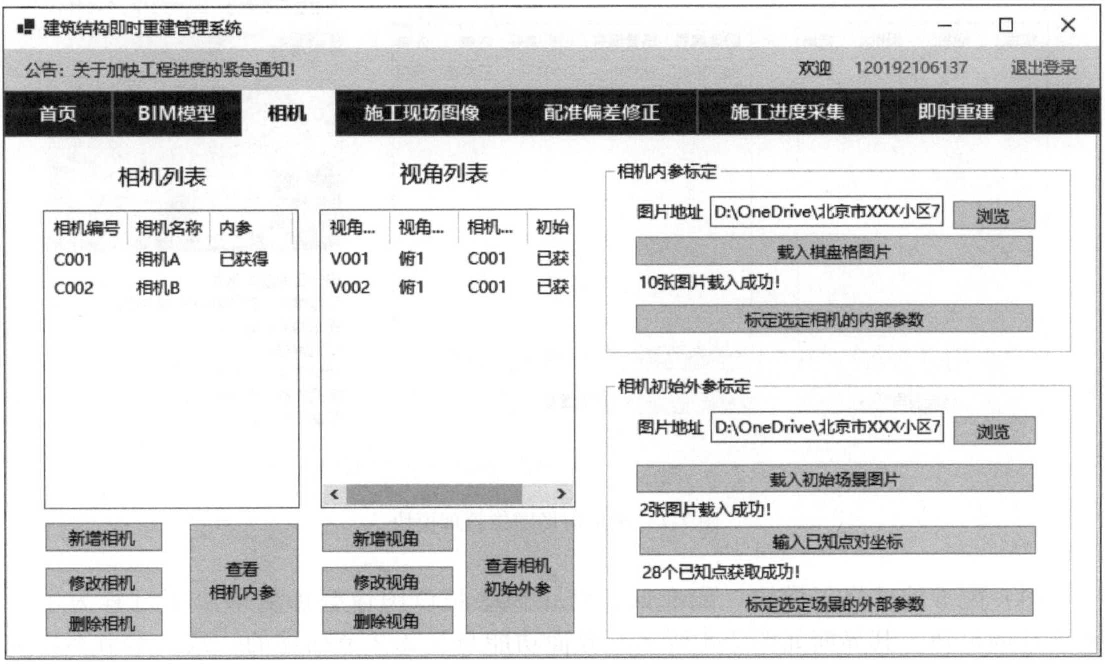

图 7-6 相机管理模块

示。界面左侧两栏分别为相机列表和视角列表，右侧一栏为相机标定功能区。相机列表用于显示项目中用到的相机及其内部参数，可通过下方按钮新增、修改和删除相机。选定相机列表中的相机后，通过右侧相机内参标定功能区获取相机内部参数，即在载入棋盘格图像后，系统调用 MATLAB 中的 Camera Calibration 工具箱自动计算相机内部参数。点击［查看相机内参］按钮可弹出内部参数标定结果。视角列表用于显示项目中不同设定视角下的初始场景及其对应的相机外部参数，可通过下方按钮新增、修改和删除视角。选定视角列表中的视角后，通过右侧相机初始外部参数标定功能区获取该视角下初始场景对应的相机外部参数，即用户输入不同视角下的初始场景图像及图像中已知点对的三维和二维坐标，系统基于 EPnP 算法计算初始场景图像对应的相机外部参数。最后，点击［查看相机初始外参］按钮可弹出外部参数标定结果。

（3）施工现场图像管理模块。施工现场图像管理模块是以图像为中心而设计的模块，其界面如图 7-7 所示。左侧一栏为视角列表，中间一栏为选定视角下的图像列表，右侧一栏为图像基本信息及其对应的相机内部参数和外部参数。选择需要查看的视角，点击［选定视角］按钮后图像列表中可显示该视角下拍摄的所有图像；选定图像后，点击［选定图像］按钮，右侧一栏可显示该图像及其对应的基本信息。

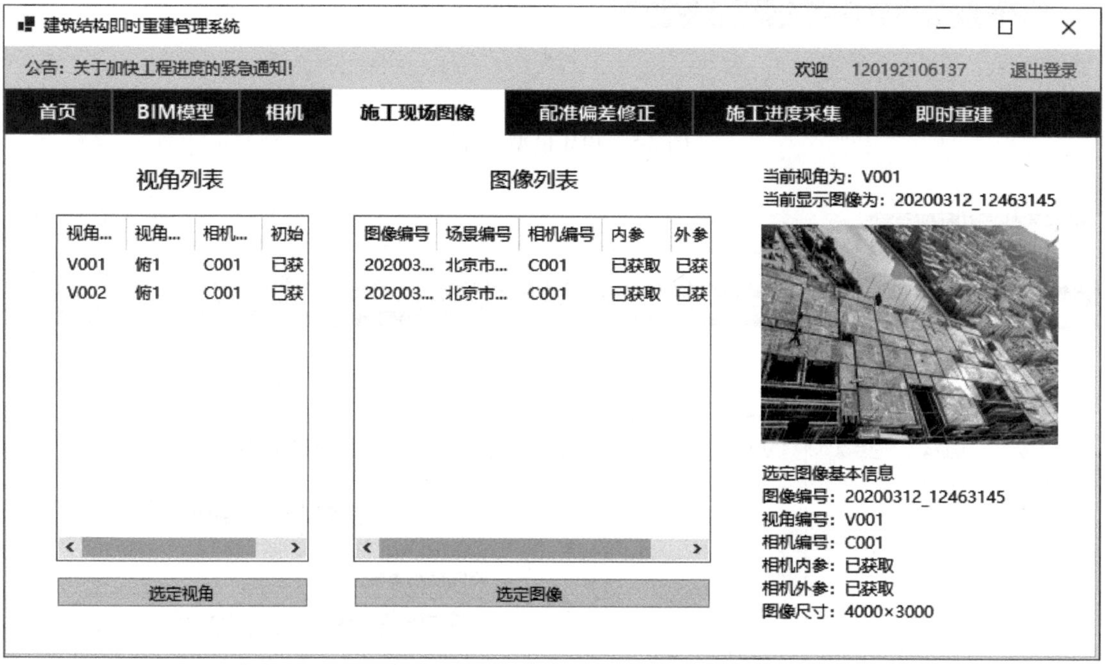

图 7-7　施工现场图像管理模块

（4）配准偏差修正模块。配准偏差修正模块是以图像叠加效果修正过程为中心而设计的模块，其界面如图 7-8 所示。界面功能与 5. 2. 2 节描述的一致，本节不再赘述。

（5）施工进度信息采集模块。施工进度信息采集模块是以进度信息采集过程为中心而设计的模块，其界面如图 7-9 所示。该界面主要用于显示识别、配准和进度推理产生的结果；通过下方功能区可调整记录日期，便于用户回顾过去的施工进度情况；该模块最终得到的构件级施工进度用于下一模块的施工进度展示。

图 7-8　配准偏差修正模块

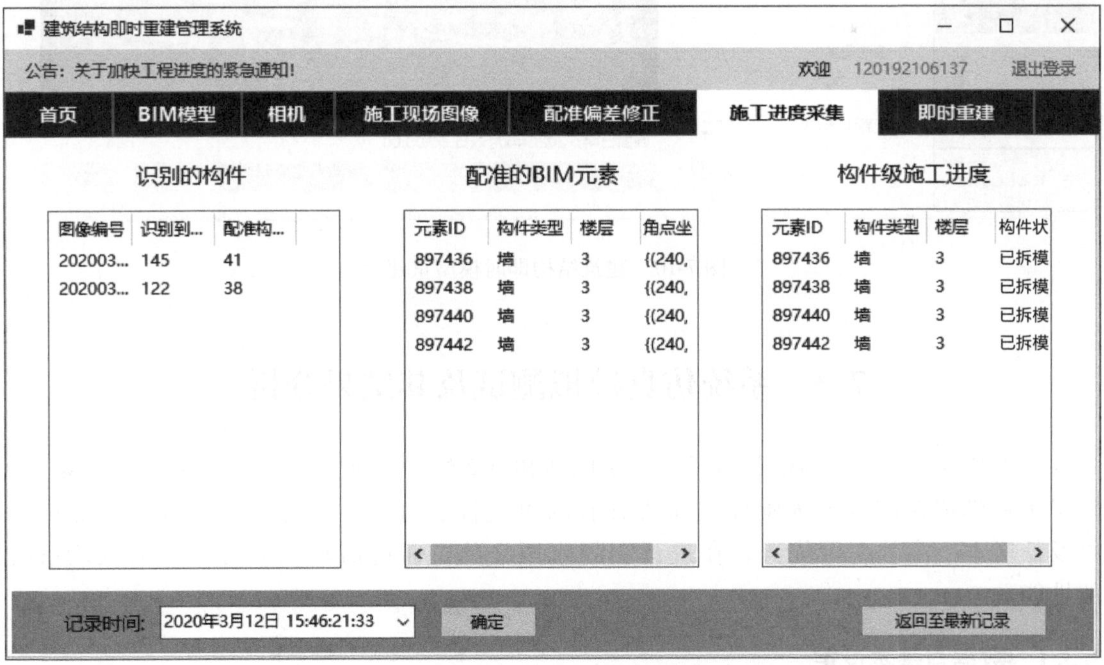

图 7-9　施工进度信息采集模块

（6）建筑结构即时模型重建。建筑结构即时模型重建模块是以即时模型重建过程为中心而设计的模块，其界面如图 7-10 所示。该模块用于展示即时重建结果，即与施工过程同步的 4D-BIM 模型。该模块左侧显示了系统中已存在的视角和图像，通过选择图像以确定初始观测视角。在此基础上，用户可以通过中间区域的视角调整功能区来微调观测视角，其中滚动角度用于控制画面的旋转，视野大小用于控制画面的缩放比例。该模块右侧显示框中显示了重建结果，模型渲染样式采用定制的方式，用户可在 Navisworks 中修改默认的渲染样式。BIM 模型显示窗口下方显示了模型日期，通过滑动进度条可以变化 BIM 模型日期，点击［实时］按钮可以返回到最新的模型。此外，该模块左侧下方有三个按钮，分别用于刷新数据、全屏显示画面和打开 Navisworks 来查看模型。

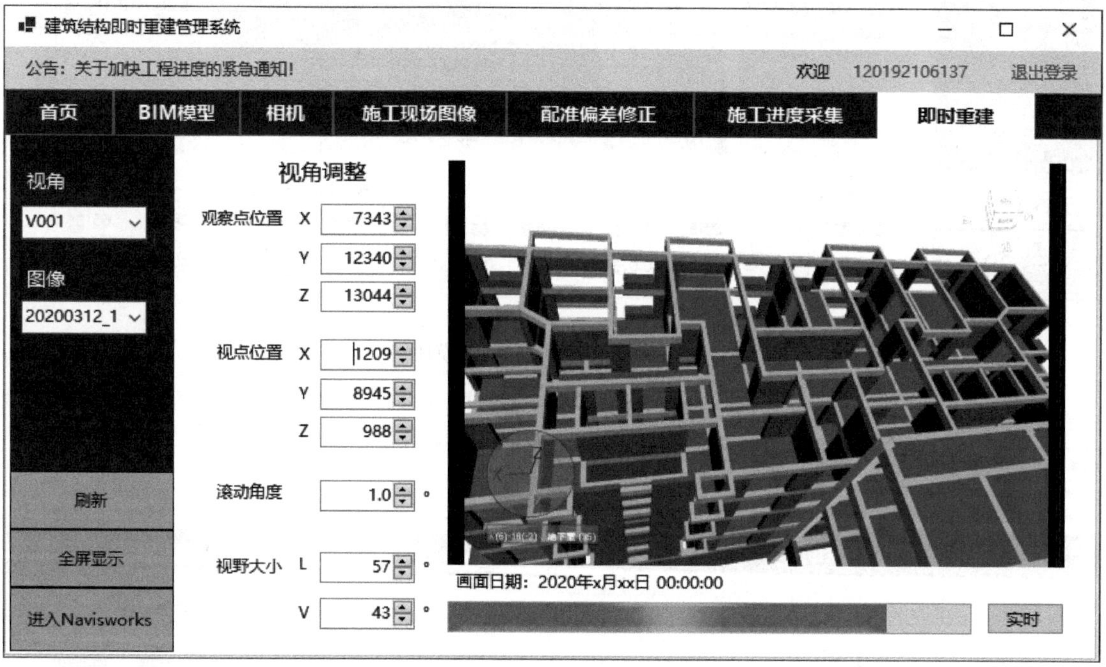

图 7-10　建筑结构即时模型重建

7.3　系统仿真模拟测试及其结果分析

系统开发后，为了验证其可靠性、实用性和有效性，必须在实际案例中测试该系统。鉴于仿真模拟在信息系统验证方面所具有的可观性、可测性、可调性、可控性等优点以及低成本、高效率等优势，在进行实际应用之前，通过仿真模拟的方式测试该系统的性能。

7.3.1　数据与基本设定

仿真模拟测试以某高层商住楼为案例展开，一名塔吊司机被雇用每天对建筑工地进行多次拍摄。为了获取最新的施工进度，塔吊司机在工作期间从塔吊平台对施工现场建筑结构进行俯视拍摄，每次拍摄两个视角的图像；为了获得建筑构件的完工状态，从地面拍摄建筑物的侧视图。由于拍摄目标的东侧和西北侧紧邻其他建筑结构，因此选定南侧、西南侧、西侧和北侧三个方向作为侧视图的观测视角。俯视视角和侧视视角共包括 6 个基本视角场景，各视角分布情况如图 7-11 所示。在 40 天内，共收集了 195 幅图像，涵盖施工的 7 个阶段，统计分布如图 7-12 所示。

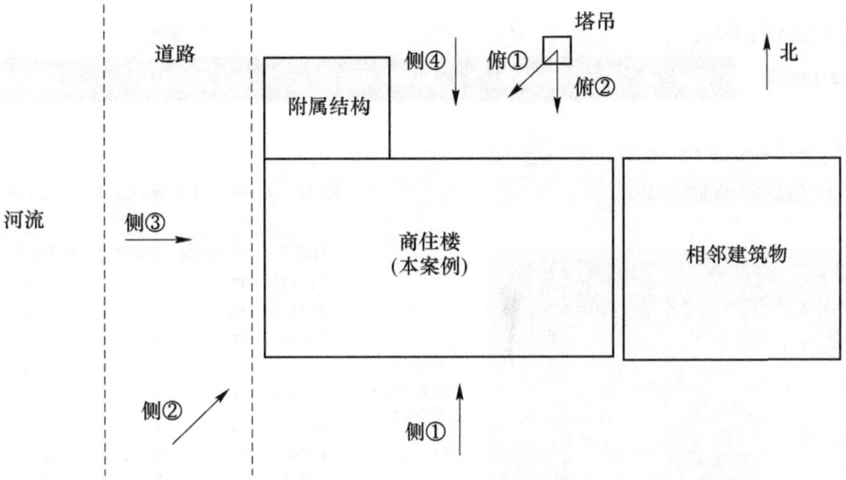

图 7-11 视角分布示意图

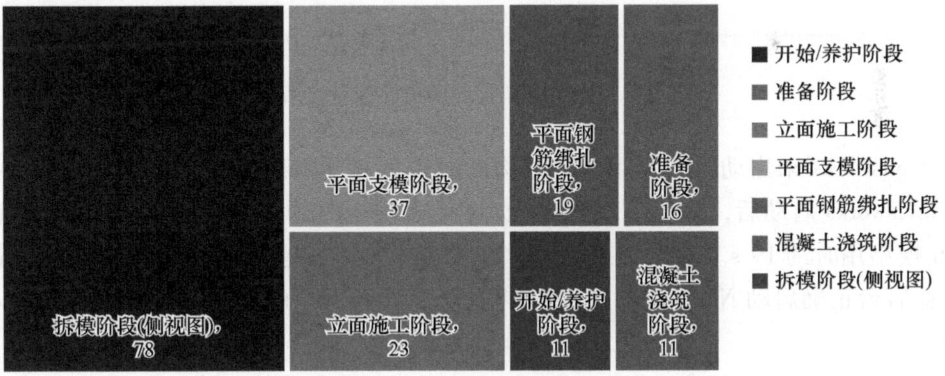

图 7-12 图像统计分布

7.3.2 准备阶段各功能模块测试

准备阶段各步骤以参与三维重建的对象为中心展开，为建筑结构即时模型重建提供 BIM 模型、BIM 元素三维坐标、相机内部参数、相机初始外部参数和施工现场建筑结构图像。准备阶段测试涉及系统的三个功能模块：BIM 模型管理模块、相机管理模块和施工现场图像管理模块。

7.3.2.1 BIM 模型管理模块

该商住楼共 35 层，其中地上 32 层、地下 3 层，建筑设计高度为 100 m。根据施工图纸利用 Revit 软件绘制结构部分 BIM 模型，该模型共包含 7918 个构件，其中墙 3137 个、楼板 1186 个、结构柱 694 个、梁 2901 个。标准层包含 214 个构件，其中墙 89 个、结构柱 26 个、楼板 18 个、梁 81 个。全部模型导入后，左侧模型预览框显示了完整的 BIM 模型，如图 7-13 所示。

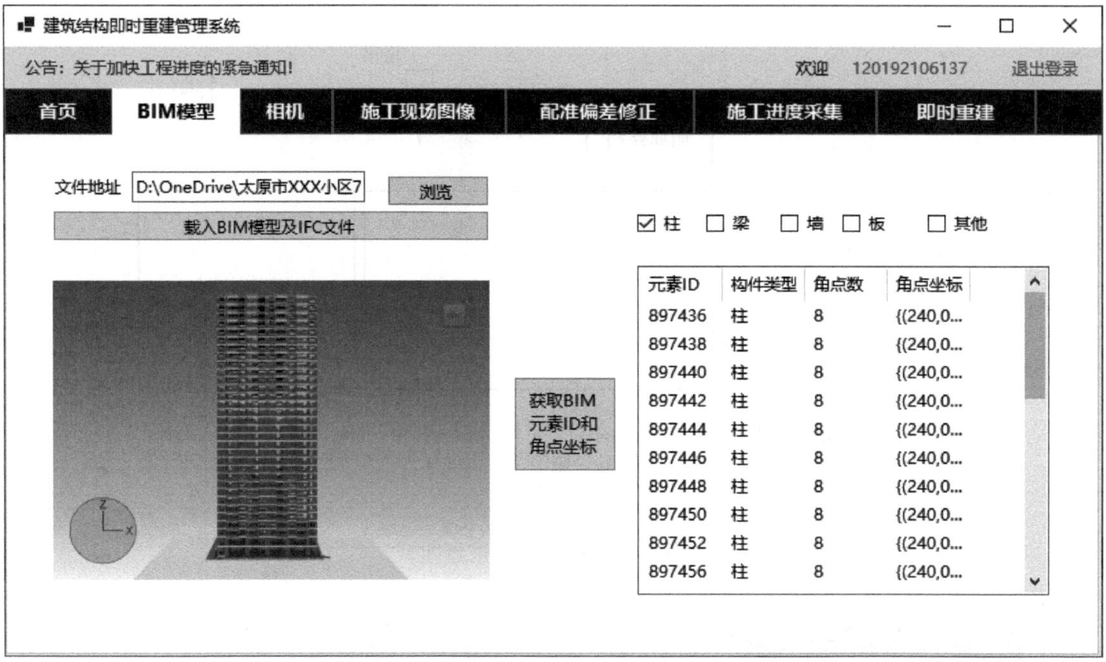

图 7-13　BIM 模型管理模块模型导入结果

在 Navisworks 未启动时，利用建筑结构即时模型重建管理系统导入 Revit 模型用时约 66 s；Navisworks 启动后，利用该系统导入 Revit 模型用时约 19 s；在 Naviswork 中直接导入 Revit 模型用时约 19 s。测试结果表明，在模型导入时，建筑结构即时模型重建管理系统可以在后台正确启动 Navisworks，并以常规速度导入 Revit 模型，节省了人工导入的操作时间。

7.3.2.2　相机管理模块

本次模拟共使用了三台相机，利用相机拍摄标定板，将拍摄结果导入建筑结构即时模型重建管理系统；获得相机内参后，从拍摄的图像中分别选取 6 个视角对应的初始场景图像，在每幅图像中选取约 25 个已知点，并确定已知点坐标；将初始场景图像载入建筑结构即时模型重建管理系统，并输入每幅图像对应的已知点坐标，最终系统给出相机的初始外参标定结果，如图 7-14 所示。相机内参在点击［查看相机内参］按钮后弹出，如图 7-15（a）所示；初始视角对应的相机外参在点击［查看相机初始外参］按钮后弹出，如图 7-15（b）所示。

最终，得到 3 台相机的内参标定结果和 6 个初始视角对应的相机初始外参标定结果，如表 7-1 和表 7-2 所示。

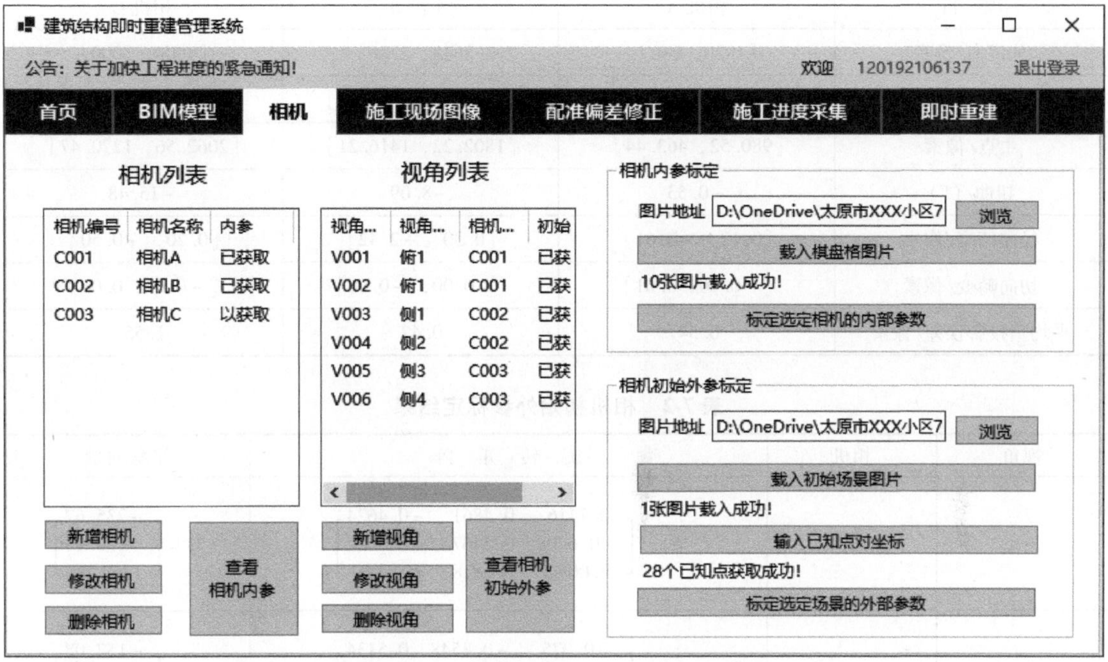

图 7-14 相机管理模块测试结果

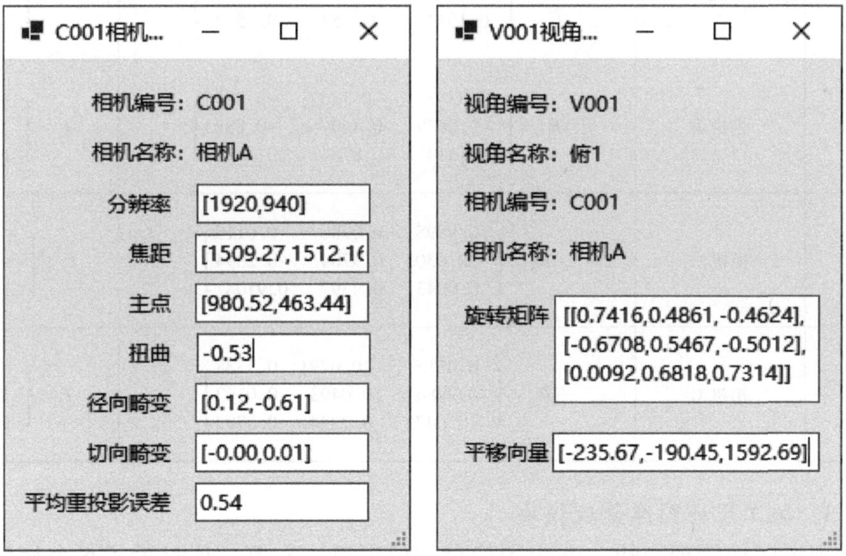

(a) (b)

图 7-15 相机内、外参数显示对话框

（a）C001 相机内参标定结果；（b）V001 视角外参标定结果

表 7-1　相机内参标定结果

项　目	相机 A	相机 B	相机 C
分辨率/像素	[1920，940]	[3648，2736]	[4000，3000]
焦距/像素	[1509.27，1512.16]	[2818.92，2848.82]	[3144.71，3178.63]
主点/像素	[980.52，463.44]	[1802.22，1416.21]	[2062.56，1270.47]
扭曲/(°)	-0.53	-8.09	-15.48
径向畸变/像素	[0.12，-0.61]	[0.30，-2.42]	[0.20，-0.50]
切向畸变/像素	[-0.00，0.01]	[-0.00，-0.00]	[-0.04，0.01]
平均重投影误差/像素	0.54	0.42	1.55

表 7-2　相机初始外参标定结果

视角	相机	旋 转 矩 阵	平移向量
俯①	相机 A	$\boldsymbol{R}_5=\begin{bmatrix}0.7416 & 0.4861 & -0.4624\\ -0.6708 & 0.5467 & -0.5012\\ 0.0092 & 0.6818 & 0.7314\end{bmatrix}$	$\boldsymbol{t}_5=\begin{bmatrix}-235.67\\ -190.45\\ 1592.69\end{bmatrix}$
俯②	相机 A	$\boldsymbol{R}_6=\begin{bmatrix}-0.075 & -0.8548 & 0.5134\\ 0.9883 & 0.0047 & 0.1522\\ -0.1325 & 0.5189 & 0.8445\end{bmatrix}$	$\boldsymbol{t}_6=\begin{bmatrix}-157.08\\ 243.51\\ 1634.40\end{bmatrix}$
侧①	相机 B	$\boldsymbol{R}_1=\begin{bmatrix}0.9883 & -0.1262 & -0.0855\\ -0.0179 & 0.4609 & -0.8873\\ 0.1514 & 0.8784 & 0.4532\end{bmatrix}$	$\boldsymbol{t}_1=\begin{bmatrix}-186.00\\ -351.95\\ 1380.82\end{bmatrix}$
侧②	相机 B	$\boldsymbol{R}_2=\begin{bmatrix}0.9883 & -0.1262 & -0.0855\\ -0.0179 & 0.4609 & -0.8873\\ 0.1514 & 0.8784 & 0.4532\end{bmatrix}$	$\boldsymbol{t}_2=\begin{bmatrix}-189.68\\ 362.44\\ 1533.38\end{bmatrix}$
侧③	相机 C	$\boldsymbol{R}_3=\begin{bmatrix}0.9995 & 0.0286 & -0.0115\\ -0.0305 & 0.9704 & -0.2394\\ 0.0043 & 0.2397 & 0.9708\end{bmatrix}$	$\boldsymbol{t}_3=\begin{bmatrix}-1133.42\\ -230.19\\ 1887.71\end{bmatrix}$
侧④	相机 C	$\boldsymbol{R}_4=\begin{bmatrix}0.0215 & -0.6791 & 0.7338\\ 0.9986 & 0.0493 & 0.0163\\ -0.0473 & 0.7324 & 0.6792\end{bmatrix}$	$\boldsymbol{t}_4=\begin{bmatrix}-136.98\\ 214.23\\ 1538.62\end{bmatrix}$

7.3.2.3　施工现场图像管理模块

在施工现场图像管理模块，选定图像存储位置后，左侧一栏显示了 6 个初始视角；选定一个视角后，中间一栏显示了该视角下的所有图像；选定图像后，右侧一栏显示了图像及其对应的各项参数，如图 7-16 所示。

上述测试结果表明，准备阶段系统各环节运行正常，可有效记录 BIM 模型、相机参数和施工现场图像等数据。

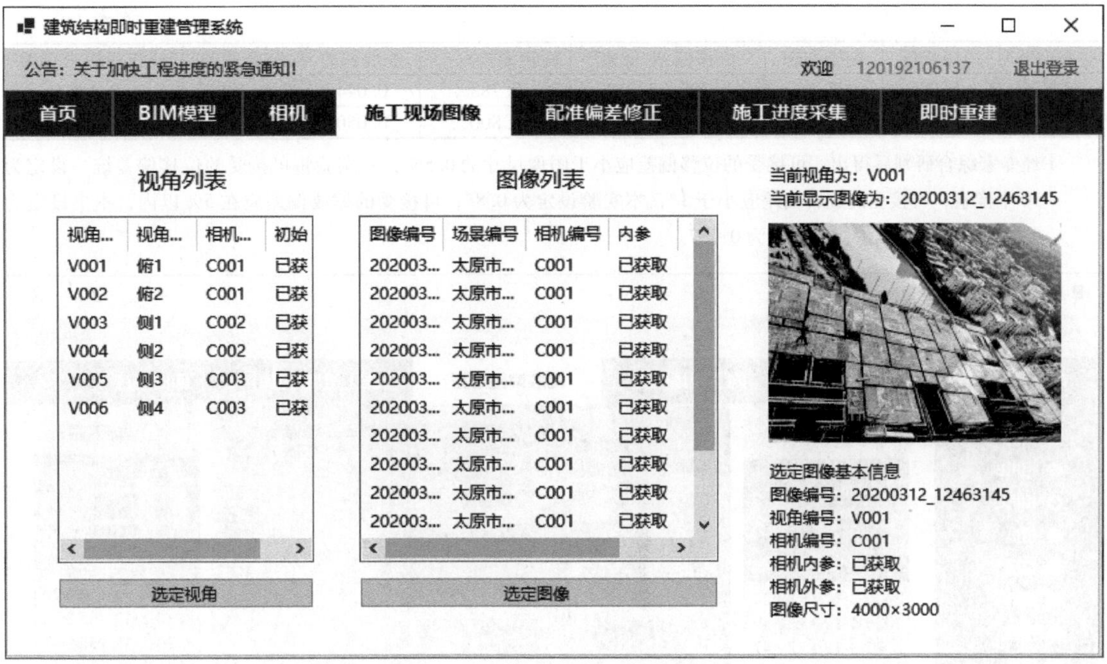

图 7-16　视角和图像导入结果

7.3.3　配准偏差修正模块测试

为了验证配准偏差修正模块和图像叠加效果修正模型的有效性，本节选取了 6 张图像作为案例进行测试和分析，6 张图像对应的视点参数如表 7-3 所示。

表 7-3　相机视点参数设置

图像	模式	观察点位置/mm	视点位置/mm	滚动角度/(°)	视野大小/(°)	
					水平	垂直
场景 1	透视	(−100，7563，3787)	(−12433，7633，644)	−1	50	65
场景 2	透视	(−100，15449，6300)	(−21186，18619，519)	3	49	64
场景 3	透视	(6637，14100，2647)	(652，18224，595)	−2	49	64
场景 4	透视	(6163，−100，5755)	(−1676，−11865，−363)	1	50	65
场景 5	透视	(25674，14100，3036)	(21614，26383，−592)	−2	36	66
场景 6	透视	(17017，14100，3321)	(22938，25879，−163)	1	51	87

将施工现场建筑结构图像与 BIM 平面野叠加，通过叠加效果评估模型计算偏差，如表 7-4 所示；根据偏差计算结果对参数进行修正并再次叠加，最终叠加效果如图 7-17 所示。

表 7-4　相机校准实验结果

图像	拍摄幅度	拍摄姿态	位移偏差/像素	旋转偏差/(°)	缩放偏差	综合偏差	修正后综合偏差
场景 1	全局	仰视	(8.473，10.275)	0.832	0.033	0.625	0.317
场景 2	全局	平视	(5.600，7.577)	0.821	0.012	0.292	0.142
场景 3	局部	仰视	(14.771，6.360)	0.603	0.057	0.598	0.322
场景 4	全局	仰视	(4.265，11.068)	0.943	0.038	0.644	0.348
场景 5	局部	平视	(6.323，7.975)	0.384	0.043	0.307	0.141

续表 7-4

图像	拍摄幅度	拍摄姿态	位移偏差/像素	旋转偏差/(°)	缩放偏差	综合偏差	修正后综合偏差
场景 6	局部	平视	(4.395, 7.012)	0.788	0.044	0.396	0.180
可接受误差①			(10.000, 10.000)	0.800	0.050	0.727	

①经专家综合研判后得出，可接受的位移偏差应小于图像尺寸的 0.5%，本实验将可接受的位移偏差统一设定为 10 个像素；可接受的旋转偏差应小于 1°，本实验设定为 0.8°；可接受的缩放偏差应在 5% 以内，本书设定为 0.05；计算后得到的综合偏差为 0.727。

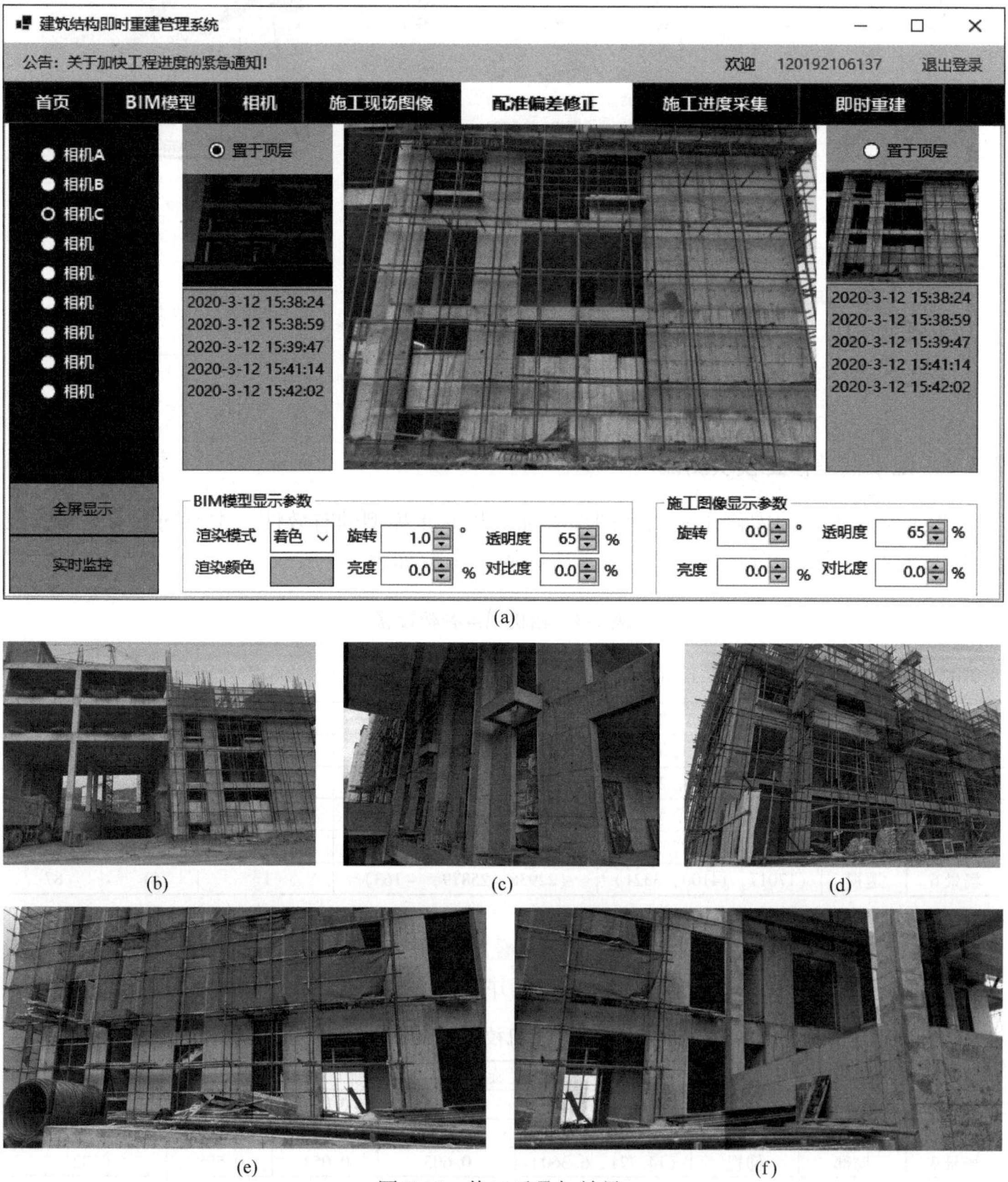

图 7-17　修正后叠加效果

(a) 场景 1；(b) 场景 2；(c) 场景 3；(d) 场景 4；(e) 场景 5；(f) 场景 6

由表 7-4 的实验结果可以看出，当拍摄姿态为平视时，配准效果明显好于仰视。修正前的综合偏差位于 0.292～0.644，修正后的综合偏差可降至 0.35 以下。与全局图像相比，局部图像配准效果略好。为了衡量综合偏差，根据可接受的误差计算综合偏差，可接受的综合偏差指数为 0.727，高于所有相机的叠加结果。

由图 7-17 可以看出，BIM 模型与施工现场建筑结构图像叠加后配准结果准确，表明了该系统配准偏差修正模块和叠加效果修正模型的有效性以及相机标定结果的准确性。同时，BIM 模型与施工现场建筑结构图像叠加后产生了明显的对比效果，为对比实际施工进度和计划进度提供了基础。

上述测试结果表明：配准偏差修正模块运行正常；拍摄姿态为平视时配准效果明显优于仰视，修正后综合偏差可降至 0.35 以下；所有相机的叠加效果偏差在可接受的误差范围内；叠加效果修正模型实现了对相机外部参数的修正，消除了多次迭代计算后累积的误差，达到了预期效果；本书提出的配准叠加方法与工具可以有效实现施工现场建筑结构图像与 BIM 模型的配准，直观展示计划模型与实际施工过程的偏差，提高相机外部参数校准和工程项目管理的效率和水平。

7.3.4　施工进度信息采集模块测试及其结果分析

为了验证施工进度信息采集模块和基于三维粗配准算法的施工进度信息采集模型的有效性，利用系统中的图像，提取施工进度信息，并从后台导出结果数据后进行统计分析。提取过程包含三个环节：构件识别、配准和进度推理，施工进度信息采集模块测试结果如图 7-18 所示。

图 7-18　施工进度信息采集模块测试结果

采集的图像数据属于不同的楼层和不同的施工阶段，同时拍摄的多张图像的内容是重复的。为了消除样本量的影响，将同时拍摄的图像视为一组（共 64 组），然后将这些组分为五个施工阶段。因此，以施工阶段为类别，以组为单位，对这些数据进行平均和分析。

7.3.4.1　构件识别结果分析

检测结果是进度提取过程中得到的第一个结果，如表 7-5 所示，包括各种构件的检测精度和处理每幅图像的耗时。在计算中，同一组中重复的构件被视为一个构件，因为只需识别一次即可证明该构件的存在。

表 7-5　检测结果①

阶段	构件类型	BIM 元素数② /个	图像中平均构件数（TP + FP）③ /个	检测到构件数（TP + FP + TN） /个	正确检测到构件数（TP） /个	精度 /%	召回率 /%
准备	堆放的模板	0	17.75	17.75	17.75	100.00	100.00
立面施工	带模板的墙/柱	82	51.67	37.33	36.25	97.11	70.16
平面支模	带底模板的板	62	44.65	44.35	43.60	98.31	97.65
	由模板围成的梁	118	81.50	76.75	75.60	98.50	92.76
平面钢筋绑扎	板钢筋笼	62	55.73	41.09	40.00	97.35	71.77
	梁钢筋笼	118	105.91	81.09	80.73	99.56	76.23
混凝土浇筑	板钢筋笼	62	62.00	51.17	50.17	98.05	80.92
	梁钢筋笼	118	118.00	101.80	100.40	98.62	85.08
	浇筑工具	0	1.00	1.00	1.00	100.00	100.00
俯视平均值			59.80	50.26	49.50	82.77	98.49
模板移除	混凝土墙/柱		178.31	176.89	153.13	86.57	85.88
	混凝土板		64.33	64.08	52.94	82.62	82.29
	混凝土梁		125.39	124.22	105.61	85.02	84.23
侧视平均值			122.68	121.73	103.89	84.69	85.35

①每幅图像的平均检测时间为 65.43 ms。

②一层中 BIM 元素的数量。

③图像中平均构件数是指从一组图像中识别到的构件对应的 BIM 元素数，即去除同组内不同图像中重复的构件。

从表 7-5 中可以看出，该算法对“堆放的模板”和“浇筑工具”的识别效果较好，对“带模板的墙或柱”和“板钢筋笼”的识别效果最差。在准备阶段，“堆放的模板”几乎没有被遮挡，其边界非常清晰、易于检测。在立面施工阶段，施工现场混乱，墙柱相互连接造成严重的遮挡，识别效果不理想。在平面支模阶段，楼板底模板遮挡了下层钢筋绑扎和支模的成果，图像中呈现出排列整齐且边界清晰的底模板阵列。因此，虽然遮挡或缺损的模板导致了一些错误，但是该阶段的识别效果优于其他阶段。在平面钢筋绑扎和混凝土浇筑阶段，识别的内容为板钢筋笼和梁钢筋笼；受钢筋笼遮挡的影响，底模板变得模糊，构件边界不清晰，识别效果变差。从侧视图中识别的结果来看，混凝土墙/柱和混凝土梁的检测精度相当，高于混凝土板的检测结果。从检测精度和召回率的数值看，实验结果高于训练器的测试结果，这是由于本实验中的数据是综合多个图像后得出的结果。此外，每幅图像的平均检测时间为65.43 ms，说明检测器的检测速度非常快。

上述结果表明，受现场环境影响，不同类型构件的识别效果不同；多幅图像结合后该方法显示出优异的信息采集能力；构件识别工作达到预期效果。

7.3.4.2 配准结果分析

配准结果是进度提取过程中得到的第二个结果，如表7-6所示，包括各种构件的配准精度和处理每张图像的耗时。其中，进度信息采集率用于评估在整个过程中从图像中收集了多少进度信息。

表7-6 配准结果①

阶段	构件类型	图像中构件数/个	正确检测到构件数/个	配准构件数/个	正确配准构件数/个	配准精度②/%	进度信息采集率③/%
立面施工	带模板的墙/柱	51.67	36.25	32.25	32.00	88.28	61.94
平面支模	带底模板的板	44.65	43.60	42.70	42.20	96.79	94.51
	由模板围成的梁	81.50	75.60	71.80	71.05	93.98	87.18
平面钢筋绑扎	板钢筋笼	55.73	40.00	38.45	38.00	95.00	68.19
	梁钢筋笼	105.91	80.73	76.55	76.00	94.14	71.76
混凝土浇筑	板钢筋笼	62.00	50.17	48.67	48.33	96.35	77.96
	梁钢筋笼	118.00	100.40	95.80	95.00	94.62	80.51
俯视平均值		74.21	60.96	58.03	57.51	94.33	77.50
模板移除	混凝土墙/柱	178.31	153.13	152.94	150.95	98.58	84.66
	混凝土板	64.33	52.94	52.8	51.86	97.96	80.62
	混凝土梁	125.39	105.61	105.66	102.84	97.38	82.02
侧视平均值		122.68	103.89	103.80	101.88	98.07	83.05

①每张图像的平均配准时间为50.25 ms。

②“正确配准构件数”与“正确检测到构件数”之比。

③“正确配准构件数”与“图像中构件数”之比。

从表7-6中可以看出，柱与墙的配准精度最低，板与梁的配准精度相近，板的配准精度高于梁。从全过程来看，立面施工阶段进度信息采集率最低，平面支模阶段进度信息采集率最高。在平面支模阶段，板的进度信息采集率高于梁的进度信息采集率，但在平面钢筋绑扎阶段和混凝土浇筑阶段则相反。从拍摄视角来看，侧视图的平均配准精度和进度信息采集率都高于俯视图中的结果。总体而言，进度信息采集率主要取决于检测精度的影响，受配准精度的影响较小。

上述结果表明，配准阶段的配准效果优于构件识别效果，配准工作达到预期效果，实现了施工现场进度信息的高效采集。

7.3.4.3 进度推理结果分析

过程推理结果是进度提取过程中得到的最终结果，如图7-19所示。实际进度、配准进度和辅助推理后进度相互对比，用于分析施工进度信息的召回率和辅助推理的有效性。

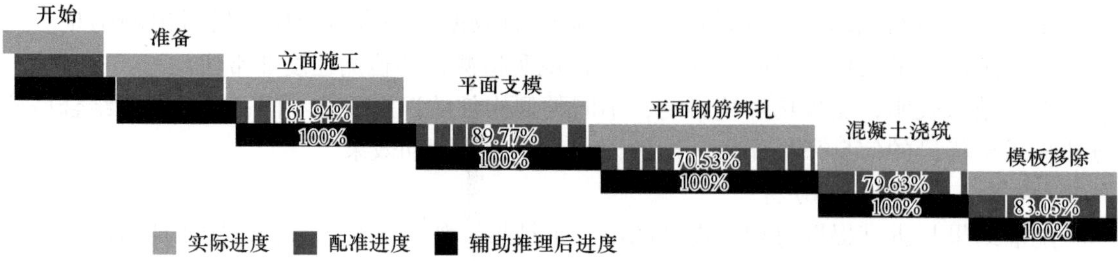

图 7-19　施工进度比较

从图 7-19 中可以看出，采集到的进度总是落后于实际施工进度，这是因为在俯视图中没有足够的构件被检测到以证明新的施工阶段已经开始。本书设置了进度阶段的更新阈值以避免错误推理。在配准过程中，一些构件未被检测到，因此进度数据是间歇性的。考虑到在开始阶段和准备阶段无法使用构件数量来评估施工进度，因此未标记配准后的施工进度。在其他阶段，配准构件数量与图像中构件数量之比被用作配准后的施工进度。其中，混凝土浇筑阶段的施工进度更新从检测到浇筑工具开始，按消失的板钢筋笼和梁钢筋笼的数量来估算。从数据可以看出，立面施工、平面钢筋绑扎、混凝土浇筑和模板移除阶段得到的进度信息模糊，平面支模阶段的进度清晰。经过辅助推理后，每个阶段的施工进度都是在下一阶段开始之前完成的。因此，尽管存在一些延误，最终的施工进度总体上却与实际施工进度保持一致。

上述结果表明，辅助进度推理工作达到预期效果，实现了施工进度信息的全面采集；采集得到的施工进度与实际施工进度基本保持一致，实现了施工进度的即时采集。

7.3.4.4　错误案例分析

上述分析主要是对模型整体性能的分析，为了了解模型在运行过程中面临的障碍，必须聚焦微观层面，分析实验中出现的错误案例。实验过程包含多个环节，下面从识别、配准和推理三个方面分析错误案例。

（1）造成检测错误的原因多种多样，包括遮挡、光照强度、训练集数据的丰富性等。图 7-20 为四种检测过程中的错误案例。图 7-20（a）中的墙体模板未被检测到，因为其被木条和钢筋笼所遮挡。图 7-20（b）中的梁因光线昏暗而未被检测到，因为昏暗条件下线条不清晰、特征不明显。图 7-20（c）中底模板的支撑木条排列被标识为墙，因为墙的外观也是整齐排列的木条。图 7-20（d）中检测到一个模板，但它实际上是一个支撑其他构件的模板，这不是期望检测的对象。

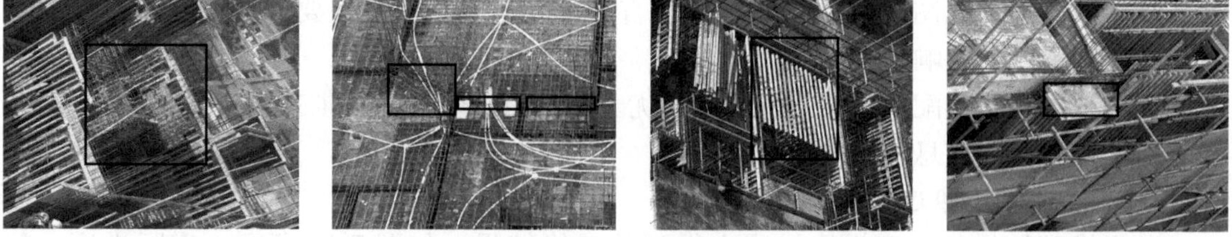

(a)　(b)　(c)　(d)

图 7-20　检测错误案例

（a）因遮挡未检测到；（b）特征模糊导致未检测到；（c）检测类型错误；（d）检测到但类无关对象

（2）配准误差的主要原因在于检测结果不准确，摄像机标定对配准结果影响不大。图 7-21 为三个错误配准的案例。图 7-21（a）显示，由于雨后模板内部存在明显的干扰线，模板被识别为小块的多个模板。图 7-21（b）中的模板正在组装，因此也被识别为小块的多个模板。这些构件的识别类型是正确的，但由于尺寸差异较大，导致了错误的配准。图 7-21（c）中的三个模板实际上是堆叠的（即将被使用），但它们被识别为楼板底部模板，从而导致了错误的配准。

(a) (b) (c)

图 7-21 配准错误案例

（a）雨后杂乱线条的干扰；（b）不完整的模板；（c）难以区分的堆放模板和底模板

（3）推理错误的原因在于两个方面：一是某些构件无法被检测到，二是设置了判定施工进入新阶段的阈值。其中，阈值的设置是避免更严重错误的必要成本。图 7-22 为两个推理错误的案例。图 7-22（a）中未识别到任何构件，程序判定施工已进入混凝土养护阶段，但实际情况正好相反。在图 7-22（b）中，检测到两个底部模板，但由于数量少于三个，因此无法判定施工已进入平面模板支撑阶段，采集的施工进度略有延后。

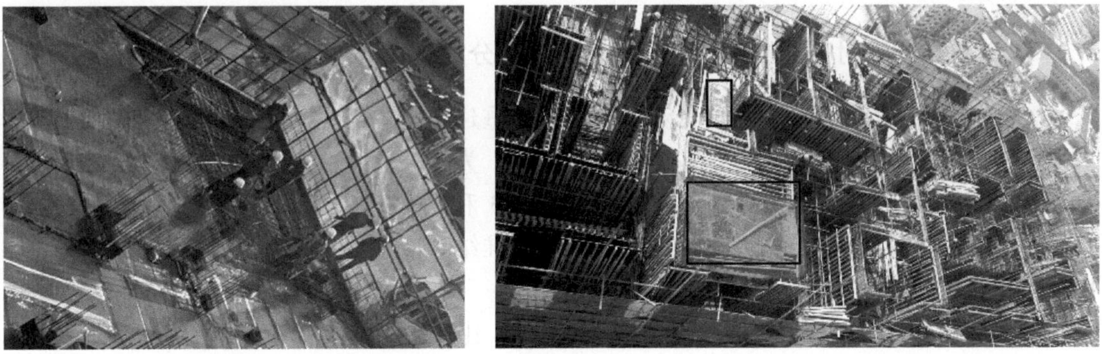

(a) (b)

图 7-22 进度推理错误案例

（a）混凝土浇筑即将结束时未检测到构件而误推断进入新阶段；（b）堆放的模板被认为是底模板而误推断进入新阶段

从以上分析可以看出，错误案例产生的主要原因在于建筑构件识别结果的错误和不准确，而这是由于本书中用于训练检测算法的数据库较小、无法覆盖更多案例造成的。因此，未来应该收集更多的施工现场数据，建立一个更加全面而丰富的施工现场建筑结构图像数据库，以提高算法的识别精度。此外，还需要刻意添加恶劣环境条件下的图像，如图 7-20（b）和图 7-21（a）所示，以提高算法对极端情况的识别效果。但值得注意的是，本书的配准方式与识别结果的位置框大小有关。因此，过分强调对严重遮挡部件的识别，不仅没有意义，还会增加对非构件区域的误识别，从而降低识别和配准的效率和效果，如图 7-20（a）（c）所示。

从施工进度信息采集的整个过程来看，虽然错误发生在不同的阶段，但主要的原因在于遮挡和光线造成的低检测精度。然而，大多数检测错误可在配准过程中被消除，因此配准过程可以提高最终结果的准确性。虽然相机校准过程中存在误差，但这些误差非常小，几乎不会影响最终配准和进度推理结果。在进度推理阶段，使用了辅助信息来确保采集的施工进度信息的可靠性。本书设定的阶段进度更新阈值为三个构件，这使得采集的进度稍微延迟，但对数据即时性的影响是可接受的。

综上，为了分析施工进度信息采集模块的有效性、突出进度信息采集模型的优势，本节利用从实际施工现场采集的图像进行了测试。测试过程中共得到三个结果：构件识别结果、配准结果和进度推理结果。构件识别结果表明，受现场环境影响，不同类型构件的识别效果不同；多幅图像结合后该方法显示出优异的信息采集效果；每幅图像的平均检测时间为 65. 43 ms，构件识别工作达到预期效果。施工进度信息采集结果表明，配准阶段的配准效果优于构件识别效果；进度信息采集率主要取决于检测精度的影响，受配准精度的影响较小；每张图像的平均配准时间为 50. 25 ms，配准工作达到预期效果，实现了施工现场进度信息的高效采集。进度推理结果表明，采集得到的施工进度与实际施工进度基本保持一致，辅助进度推理工作达到预期效果，实现了施工进度的全面即时采集。错误案例分析结果表明，受实验条件和数据集规模的影响，错误产生的主要原因在于建筑构件识别结果的低精度。然而，大多数的识别错误可以在粗配准过程中被消除，确保了全过程最终结果的准确性。

7. 3. 5　建筑结构即时模型重建模块测试及其结果分析

建筑结构即时模型重建是一个动态的过程，重建模型的有效性已在 6. 4 节中验证，本节重点测试建筑结构即时模型重建模块的有效性。为了便于阐述，截取建筑物在开工后第 52 天的状态用于展示。检测及配准结果如图 7-23 和图 7-24 所示。图 7-23 和图 7-24 中，首幅图像为检测结果，其他图像为配准结果，配准结果以在施工现场建筑结构图像上叠加 BIM 模型平面野的方式展示。

与 6. 4. 1 节中的实验室对比模拟步骤类似，建筑结构即时模型重建管理系统调用 Navisworks 插件读取进度数据并调整 BIM 元素的显示状态，建筑结构即时模型重建结果如图 7-25 所示。

从图 7-25 中可以看出，目前最新的施工活动位于第四层，立面施工阶段已完成，正处于平面支模阶段。明显可以看出，顶层模板是不规则的，表明支模板活动正在进行中，有一部分区域的模板还未完全搭建好。此外，可以看出顶层模板不是按顺序沿一个方向施工的，这正体现出微观层面施工活动的偶然性，人类无法提前预料到哪些构件先被施工。

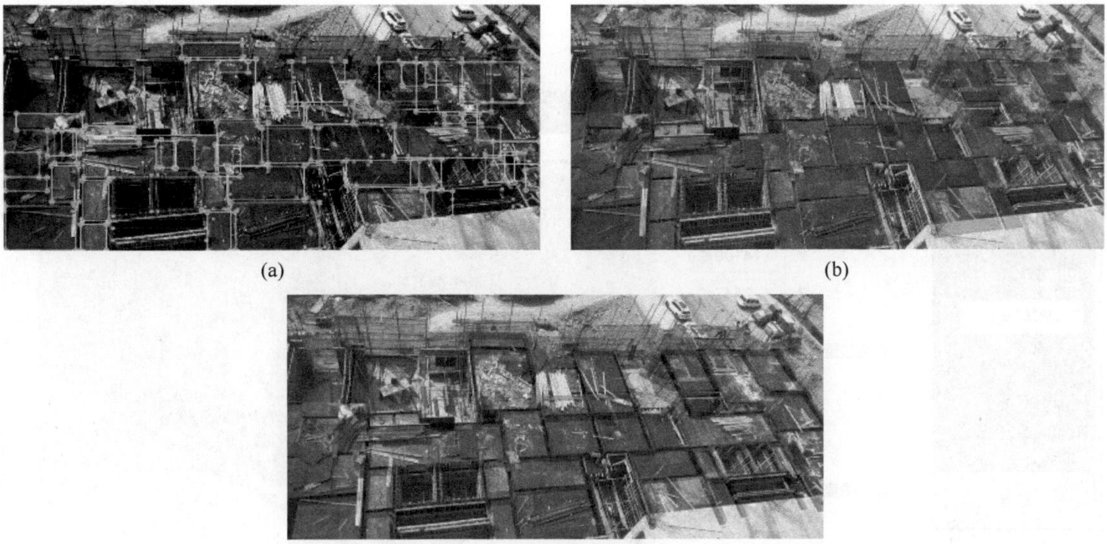

(a) (b) (c)

图 7-23 俯视图（1920×940 分辨率）

（a）检测结果；（b）楼板的配准结果；（c）梁的配准结果

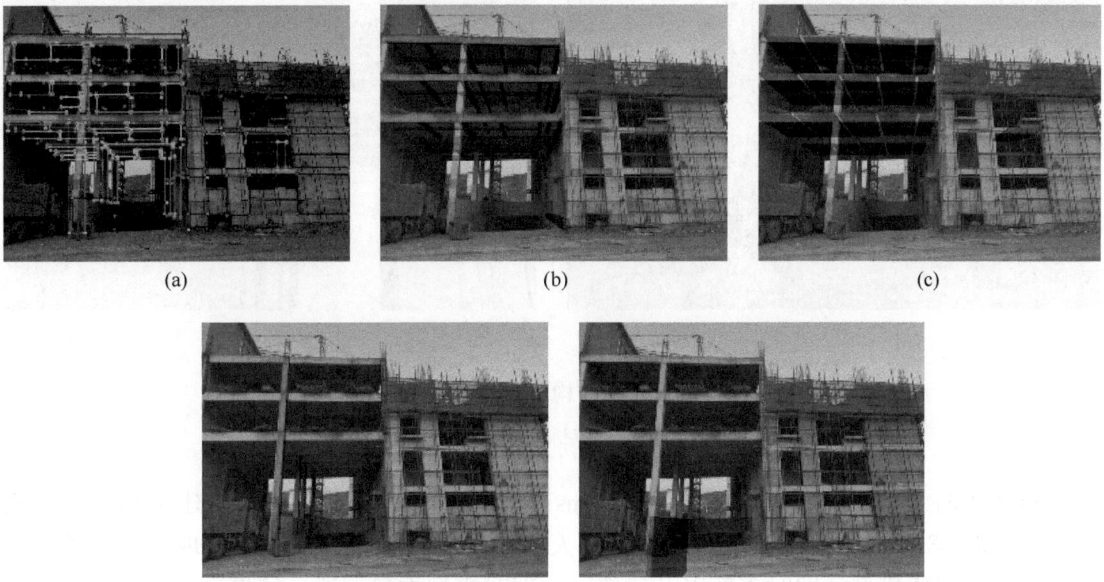

(a) (b) (c) (d) (e)

图 7-24 侧视图（3648×2736 分辨率）

（a）检测结果；（b）梁的配准结果；（c）板的配准结果；（d）柱的配准结果；（e）墙壁的配准结果

这一结果表明，基于随机离散生成机制的建筑结构即时模型重建善于模拟施工顺序具有不确定性的施工过程，使施工过程模拟始终与实际施工过程同步。

从运行时间来看，从检测、配准到最终的建筑结构即时模型重建共用时 68.16 s。其

(a)

(b)　　(c)

图 7-25　建筑结构即时模型重建结果

（a）全局视图；（b）俯视图；（c）侧视图

中，检测用时 65.73 ms；配准用时 51.03 ms；进度推理用时 31.27 ms；建筑结构即时模型重建用时 68.01 s。相比于以“周”计的人工进度更新方式，该系统实现了施工进度的即时统计、BIM 模型的即时更新以及建筑结构即时模型重建。这一结果表明，建筑结构即时模型重建管理系统可以正确从现浇混凝土建筑结构图像中检测配准建筑构件，形成施工进度表，最终实现建筑结构即时模型重建。

上述测试结果表明，基于随机离散生成机制的建筑结构即时模型重建模拟善于模拟施工顺序具有不确定性的施工过程，可以使重建结果始终与实际施工过程同步；系统可以快速地从现浇混凝土建筑结构图像中检测并配准建筑构件，准确地形成施工进度表，即时重建建筑结构模型。

7.4 本 章 小 结

建筑结构即时模型重建是一个系统的过程，涉及多个环节。每个环节都有其对应的模型和方法并涉及不同的软件，将引发复杂的操作和频繁的数据传递，阻碍非专业人员对方法的掌握。为了将研究中各阶段提出的技术集成为一体，向工程项目管理者提供一体化的管理平台，促进建筑结构即时模型重建技术的广泛应用，本章提出了建筑结构即时模型重建管理系统，结合面向对象和面向过程的思想，梳理了系统应具备的主要功能，设计了系统各功能模块的信息传递流程和操作界面，为施工现场建筑结构的即时管理提供了工具。在此基础上，基于实际案例开展了仿真模拟测试，分析了系统各功能模块的可靠性、实用性和有效性，验证了即时重建各环节提出的方法。测试结果表明，系统各模块正常运行，能够准确采集施工现场进度信息，即时更新 4D-BIM 模型，实现了建筑结构即时模型重建。

参考文献

[1] 侯学良，郭玉，王毅．系统科学视角下大型建设工程项目各阶段管理对象的遍历关系［J］．系统科学学报，2021，29（1）：113-116，127.

[2] Omar T, Nehdi M L. Data acquisition technologies for construction progress tracking [J]. Automation in Construction, 2016, 70: 143-155.

[3] Yang J, Shi Z, Wu Z. Vision-based action recognition of construction workers using dense trajectories [J]. Advanced Engineering Informatics, 2016, 30 (3): 327-336.

[4] Alavi A H, Gandomi A H. Big data in civil engineering [J]. Automation in Construction, 2017, 79: 1-2.

[5] Han K K, Golparvar-Fard M. Potential of big visual data and building information modeling for construction performance analytics: an exploratory study [J]. Automation in Construction, 2017, 73: 184-198.

[6] 马少雄．基于 BIM 的地铁工程施工进度动态监控与预警系统研究［D］．西安：西安理工大学，2020.

[7] Isaac S, Shimanovich M. Automated scheduling and control of mechanical and electrical works with BIM [J]. Automation in Construction, 2021, 124: 103600.

[8] Wu Y, Kim H, Kim C, et al. Object recognition in construction-site images using 3D CAD-based filtering [J]. Journal of Computing in Civil Engineering, 2010, 24 (1): 56-64.

[9] Braun A, Tuttas S, Borrmann A, et al. A concept for automated construction progress monitoring using BIM-based geometric constraints and photogrammetric point clouds [J]. Journal of Information Technology in Construction (ITcon), 2015, 20 (8): 68-79.

[10] Omar H, Mahdjoubi L, Kheder G. Towards an automated photogrammetry-based approach for monitoring and controlling construction site activities [J]. Computers in Industry, 2018, 98: 172-182.

[11] Nikoohemat S, Diakité A A, Zlatanova S, et al. Indoor 3D reconstruction from point clouds for optimal routing in complex buildings to support disaster management [J]. Automation in Construction, 2020, 113: 103109.

[12] Han K K, Golparvar-Fard M. Appearance-based material classification for monitoring of operation-level construction progress using 4D BIM and site photologs [J]. Automation in Construction, 2015, 53: 44-57.

[13] Han K, Degol J, Golparvar-Fard M. Geometry and appearance-based reasoning of construction progress monitoring [J]. Journal of Construction Engineering and Management, 2018, 144 (2): 04017110.

[14] Bassier M, Van Genechten B, Vergauwen M. Classification of sensor independent point cloud data of building objects using random forests [J]. Journal of Building Engineering, 2019, 21: 468-477.

[15] Golparvar-Fard M, Peña-Mora F, Arboleda C A, et al. Visualization of construction progress monitoring with 4D simulation model overlaid on time-lapsed photographs [J]. Journal of Computing in Civil Engineering, 2009, 23 (6): 391-404.

[16] Son H, Kim C. Automated color model-based concrete detection in construction-site images by using machine learning algorithms [J]. Journal of Computing in Civil Engineering, 2012, 26 (3): 421-433.

[17] Zhu Z, Brilakis I. Parameter optimization for automated concrete detection in image data [J]. Automation in Construction, 2010, 19 (7): 944-953.

[18] Zhu Z, Brilakis I. Concrete column recognition in images and videos [J]. Journal of Computing in Civil Engineering, 2010, 24 (6): 478-487.

[19] Deng H, Hong H, Luo D, et al. Automatic indoor construction process monitoring for tiles based on BIM and computer vision [J]. Journal of Construction Engineering and Management, 2020, 146 (1): 04019095.

[20] Wang Z, Zhang Q, Yang B, et al. Vision-based framework for automatic progress monitoring of precast walls by using surveillance videos during the construction phase [J]. Journal of Computing in Civil Engineering, 2021, 35 (1): 04020056.

[21] Chen J, Lu W, Lou J. Automatic concrete defect detection and reconstruction by aligning aerial images onto semantic-rich building information model [J]. Computer-Aided Civil and Infrastructure Engineering, 2023, 38 (8): 1079-1098.

[22] Liu Y P, Yan X P, Wang N, et al. A 3D reconstruction method of image sequence based on deep learning [J]. Journal of Physics: Conference Series, 2020, 1550 (3): 032051.

[23] Baarimah A O, Alaloul W S, Liew M S, et al. A bibliometric analysis and review of building information modelling for post-disaster reconstruction [J]. Sustainability, 2022, 14 (1): 14010393.

[24] Gourguechon C, Macher H, Landes T. Automation of as-built BIM creation from point cloud: an overview of research works focused on indoor environment [C]//24th ISPRS Congress on Imaging Today, Foreseeing Tomorrow. Copernicus GmbH, 2022: 193-200.

[25] Rankohi S, Waugh L. Image-based modeling approaches for projects status comparison [C]//CSCE 2014 General Conference. CSCE, 2014: 1-10.

[26] Liu J, Fu L, Cheng G, et al. Automated BIM reconstruction of full-scale complex tubular engineering structures using terrestrial laser scanning [J]. Remote Sensing, 2022, 14 (7): 14071659.

[27] Ma J W, Lee Y C, Leite F. A practical application using parametric modeling for as-built BIM generation from point clouds [C]//Construction Research Congress (CRC) on Project Management and Delivery, Contracts, and Design and Materials. ASCE, 2022: 830-838.

[28] Kropp C, Koch C, König M. Interior construction state recognition with 4D BIM registered image sequences [J]. Automation in Construction, 2018, 86: 11-32.

[29] Golparvar-Fard M, Peña-Mora F, Savarese S. Application of D4AR-a 4-dimensional augmented reality model for automating construction progress monitoring data collection, processing and communication [J]. Journal of Information Technology in Construction (ITcon), 2009, 14 (13): 129-153.

[30] Kim H, Kano N. Comparison of construction photograph and VR image in construction progress [J]. Automation in Construction, 2008, 17 (2): 137-143.

[31] Aung P P W, Choi W, Kulinan A S, et al. Three-dimensional engine-based geometric model optimization algorithm for BIM visualization with augmented reality [J]. Sensors, 2022, 22 (19): 22197622.

[32] Ibrahim Y M, Lukins T C, Zhang X, et al. Towards automated progress assessment of workpackage components in construction projects using computer vision [J]. Advanced Engineering Informatics, 2009, 23 (1): 93-103.

[33] Golparvar-Fard M, Peña-Mora F, Savarese S. Automated progress monitoring using unordered daily construction photographs and IFC-based building information models [J]. Journal of Computing in Civil Engineering, 2015, 29 (1): 04014025.

[34] Bueno M, Bosché F, González-Jorge H, et al. 4-Plane congruent sets for automatic registration of as-is 3D point clouds with 3D BIM models [J]. Automation in Construction, 2018, 89: 120-134.

[35] Lei L, Zhou Y, Luo H B, et al. A CNN-based 3D patch registration approach for integrating sequential models in support of progress monitoring [J]. Advanced Engineering Informatics, 2019, 41: 100923.

[36] Rebolj D, Pučko Z, Babič N Č, et al. Point cloud quality requirements for Scan-vs-BIM based automated construction progress monitoring [J]. Automation in Construction, 2017, 84: 323-334.

[37] Asadi K, Ramshankar H, Noghabaei M, et al. Real-time image localization and registration with BIM using perspective alignment for indoor monitoring of construction [J]. Journal of Computing in Civil Engineering,

2019, 33 (5): 04019031.

[38] Fernandez-Labrador C, Perez-Yus A, Lopez-Nicolas G, et al. Layouts from panoramic images with geometry and deep learning [J]. IEEE Robotics and Automation Letters, 2018, 3 (4): 3153-3160.

[39] Wang Q, Tan Y, Mei Z. Computational methods of acquisition and processing of 3D point cloud data for construction applications [J]. Archives of Computational Methods in Engineering, 2019, 27 (2): 479-499.

[40] Lu X, Yao J, Tu J, et al. Pairwise linkage for point cloud segmentation [J]. ISPRS Annals of the Photogrammetry, Remote Sensing and Spatial Information Sciences, 2016, 3: 201-208.

[41] Zeng S, Chen J, Cho Y K. User exemplar-based building element retrieval from raw point clouds using deep point-level features [J]. Automation in Construction, 2020, 114: 103159.

[42] Wani M A, Arabnia H R. Parallel edge-region-based segmentation algorithm targeted at reconfigurable multiring network [J]. Journal of Supercomputing, 2003, 25 (1): 43-62.

[43] Chen J, Kira Z, Cho Y K. Deep learning approach to point cloud scene understanding for automated scan to 3D reconstruction [J]. Journal of Computing in Civil Engineering, 2019, 33 (4): 04019027.

[44] Vo A V, Truong-Hong L, Laefer D F, et al. Octree-based region growing for point cloud segmentation [J]. ISPRS Journal of Photogrammetry and Remote Sensing, 2015, 104: 88-100.

[45] Strom J, Richardson A, Olson E. Graph-based segmentation for colored 3D laser point clouds [C]// IEEE/RSJ International Conference on Intelligent Robots & Systems. IEEE, 2010: 2131-2136.

[46] Maas H G, Vosselman G. Two algorithms for extracting building models from raw laser altimetry data [J]. ISPRS Journal of Photogrammetry and Remote Sensing, 1999, 54 (2-3): 153-163.

[47] Chen D, Zhang L, Mathiopoulos P T, et al. A methodology for automated segmentation and reconstruction of urban 3D buildings from ALS point clouds [J]. IEEE Journal of Selected Topics in Applied Earth Observations and Remote Sensing, 2017, 1 (10): 4199-4217.

[48] Vieira M, Shimada K. Surface mesh segmentation and smooth surface extraction through region growing [J]. Computer Aided Geometric Design, 2005, 22 (8): 771-792.

[49] 龙霄潇，程新景，朱昊，等．三维视觉前沿进展 [J]．中国图像图形学报，2021，26（6）：1389-1428.

[50] Antonello M, Wolf D, Prankl J, et al. Multi-view 3D entangled forest for semantic segmentation and mapping [C]//IEEE International Conference on Robotics and Automation (ICRA). IEEE Computer Soc, 2018: 1855-1862.

[51] Posada L F, Velasquez-Lopez A, Hoffmann F, et al. Semantic mapping with omnidirectional vision [C]// IEEE International Conference on Robotics and Automation (ICRA). IEEE Computer Soc, 2018: 1901-1907.

[52] Adan A, Quintana B, Prieto S A, et al. An autonomous robotic platform for automatic extraction of detailed semantic models of buildings [J]. Automation in Construction, 2020, 109: 102963.

[53] Dimitrov A, Golparvar-Fard M. Vision-based material recognition for automated monitoring of construction progress and generating building information modeling from unordered site image collections [J]. Advanced Engineering Informatics, 2014, 28 (1): 37-49.

[54] Rodrigues P B, Crovella P L. Semi-automatic pipe network reconstruction using point cloud data [C]// Construction Research Congress (CRC) on Project Management and Delivery, Contracts and Design and Materials. ASCE, 2022: 1086-1095.

[55] Meyer T, Brunn A, Stilla U. Change detection for indoor construction progress monitoring based on BIM, point clouds and uncertainties [J]. Automation in Construction, 2022, 141: 104442.

[56] Pučko Z, Šuman N, Rebolj D. Automated continuous construction progress monitoring using multiple workplace real time 3D scans [J]. Advanced Engineering Informatics, 2018, 38: 27-40.

[57] Volk R, Luu T H, Mueller-Roemer J S, et al. Deconstruction project planning of existing buildings based on automated acquisition and reconstruction of building information [J]. Automation in Construction, 2018, 91: 226-245.

[58] Kim C, Kim B, Kim H. 4D CAD model updating using image processing based construction progress monitoring [J]. Automation in Construction, 2013, 35: 44-52.

[59] Nuchter A, Hertzberg J. Towards semantic maps for mobile robots [J]. Robotics and Autonomous Systems, 2008, 56 (11): 915-926.

[60] Nguyen T H, Oloufa A A, Nassar K. Algorithms for automated deduction of topological information [J]. Automation in Construction, 2005, 14 (1): 59-70.

[61] Fathi H, Dai F, Lourakis M. Automated as-built 3D reconstruction of civil infrastructure using computer vision: achievements, opportunities, and challenges [J]. Advanced Engineering Informatics, 2015, 29 (2): 149-161.

[62] 宋涛，曹利波，赵明富，等．三维点云中关键点的配准与优化算法 [J]．激光与光电子学进展，2021，58 (4)：375-383.

[63] Wua K, de Sotob B G, Adeyc B T, et al. BIM-based estimation of vertical transportation demands during the construction of high-rise buildings [J]. Automation in Construction, 2020, 110: 102985.

[64] Do S T, Nguyen V T, Dang C N. Exploring the relationship between failure factors and stakeholder coordination performance in high-rise building projects: empirical study in the finishing phase [J]. Engineering, Construction and Architectural Management, 2021, 29 (2): 870-895.

[65] Liu J, Xu D, Hyyppa J, et al. A survey of applications with combined BIM and 3D laser scanning in the life cycle of buildings [J]. IEEE Journal of Selected Topics in Applied Earth Observations and Remote Sensing, 2021, 14: 5627-5637.

[66] Zhang C, Arditi D. Advanced progress control of infrastructure construction projects using terrestrial laser scanning technology [J]. Infrastructures, 2020, 5 (83): 83.

[67] Hong S, Park I, Lee J, et al. Utilization of a terrestrial laser scanner for the calibration of mobile mapping systems [J]. Sensors (Basel), 2017, 17 (3): 474-497.

[68] Xu Y, Stilla U. Toward building and civil infrastructure reconstruction from point clouds: a review on data and key techniques [J]. IEEE Journal of Selected Topics in Applied Earth Observations and Remote Sensing, 2021, 14: 2857-2885.

[69] Acharya D, Ramezani M, Khoshelham K, et al. BIM-Tracker: a model-based visual tracking approach for indoor localisation using a 3D building model [J]. ISPRS Annals of Photogrammetry, Remote Sensing and Spatial Information Sciences, 2019, 150: 157-171.

[70] 刘一鸣，金必煌，刘沐洁．基于BIM仿真模型的施工过程模拟研究——以科技图书馆建筑施工为例 [J]．浙江水利水电学院学报，2020，32 (1)：58-62.

[71] 章伟，蒲建明，郑海．大跨度钢结构虚拟仿真现场安装施工技术综述 [J]．建筑结构，2019，49 (S1)：343-345.

[72] 张剑涛，姚爱军．基于 BIM 技术的 PBA 法施工虚拟仿真 [J]．地下空间与工程学报，2015，11 (S2)：674-679.

[73] 周桂香，蒋凤昌，李永奎，等．上海市胸科医院科教综合楼施工阶段的 BIM 应用 [J]．工业建筑，2018，48 (2)：47-52.

[74] 唐红，孔政，龙腾．建筑信息建模技术在武汉某超大型深基坑工程中的应用 [J]．工业建筑，2016，

46 (11): 197-200, 174.

[75] 郭曾. 4D-BIM 非模型化工作空间冲突分析模型及方法研究 [D]. 武汉: 武汉理工大学, 2018.

[76] 袁振民. 装配式混凝土结构建筑吊装序列规划与控制研究 [D]. 哈尔滨: 哈尔滨工业大学, 2019.

[77] 李勇. 建设工程施工进度 BIM 预测方法研究 [D]. 武汉: 武汉理工大学, 2014.

[78] Pučko Z, Rebolj D. Automated construction progress monitoring using continuous multipoint indoor and outdoor 3D scanning [C]//Lean and Computing in Construction Congress -Joint Conference on Computing in Construction. Heriot-Watt University, 2017: 105-112.

[79] 张彦雯, 胡凯, 王鹏盛. 三维重建算法研究综述 [J]. 南京信息工程大学学报 (自然科学版), 2020, 12 (5): 591-602.

[80] Golparvar-Fard, Peña-Mora F. Application of visualization techniques for construction progress monitoring [M]. Computing in Civil Engineering (2007), Los Angeles, California, USA: ASCE, 2007: 216-223.

[81] Rahimian F P, Seyedzadeh S, Oliver S, et al. On-demand monitoring of construction projects through a game-like hybrid application of BIM and machine learning [J]. Automation in Construction, 2020, 110: 103012.

[82] Kopsida M, Brilakis I, Vela P A. A review of automated construction progress monitoring and inspection methods [C]//Proceedings of the 32nd CIB W78 Conference 2015. 2015: 421-431.

[83] Chen Q, Adey B T, Haas C, et al. Using look-ahead plans to improve material flow processes on construction projects when using BIM and RFID technologies [J]. Construction Innovation, 2020, 20 (3): 471-508.

[84] 张绍华, 焦毅, 陈钢. 支持协同治理的建筑信息模型云平台建模与架构研究 [J]. 计算机工程, 2016, 42 (11): 95-101, 108.

[85] Ekanayake B, Wong J K W, Fini A A F, et al. Computer vision-based interior construction progress monitoring: a literature review and future research directions [J]. Automation in Construction, 2021, 127: 103705.

[86] El-Omari S, Moselhi O. Data acquisition from construction sites for tracking purposes [J]. Engineering, Construction and Architectural Management, 2009, 16 (5): 490-503.

[87] Navon R, Sacks R. Assessing research issues in automated project performance control (APPC) [J]. Automation in Construction, 2007, 16 (4): 474-484.

[88] Tserng H P, Dzeng R J, Lin Y C, et al. Mobile construction supply chain management using PDA and bar codes [J]. Computer-Aided Civil and Infrastructure Engineering, 2005, 20 (4): 242-264.

[89] Oner M, Ustundag A, Budak A. An RFID-based tracking system for denim production processes [J]. International Journal of Advanced Manufacturing Technology, 2017, 90 (4): 591-604.

[90] Araújo C S, Siqueira L C D, Ferreira E D A M, et al. Conceptual framework for tracking metallic formworks on construction sites using IoT, RFID and BIM technologies [C]//18th International Conference on Computing in Civil and Building Engineering. Springer, 2021: 865-878.

[91] Ghanem A G, AbdelRazig Y A. A framework for real-time construction project progress tracking [C]// 10th Biennial International Conference on Engineering, Construction, and Operations in Challenging Environments. ASCE, 2006: 1-8.

[92] Song J, Haas C T, Caldas C, et al. Automating the task of tracking the delivery and receipt of fabricated pipe spools in industrial projects [J]. Automation in Construction, 2006, 15 (2): 166-177.

[93] Montaser A, Moselhi O. RFID + for tracking earthmoving operations [C]//Construction Research Congress: Construction Challenges in a Flat World. ASCE, 2012: 1011-1020.

[94] Turkan Y, Bosché F, Haas C T, et al. Tracking of secondary and temporary objects in structural concrete

work [J]. Construction Innovation: Information, Process, Management, 2014, 14 (2): 145-167.

[95] Chien H K. 3D-web-GIS RFID location sensing system for construction objects [J]. Scientific World Journal, 2013, 2013: 217972.

[96] Alizadehsalehi S, Yitmen I. The impact of field data capturing technologies on automated construction project progress monitoring [J]. Procedia Engineering, 2016, 161: 97-103.

[97] Cheng T, Mantripragada U, Teizer J, et al. Automated trajectory and path planning analysis based on ultra wide band data [J]. Journal of Computing in Civil Engineering, 2012, 26 (2): 151-160.

[98] Shahi A, West J S, Haas C T. Onsite 3D marking for construction activity tracking [J]. Automation in Construction, 2013, 30: 136-143.

[99] Cho Y K, Youn J H, Martinez D. Error modeling for an untethered ultra wide band system for construction indoor asset tracking [J]. Automation in Construction, 2010, 19 (1): 43-54.

[100] El-Omari S, Moselhi O. Integrating automated data acquisition technologies for progress reporting of construction projects [J]. Automation in Construction, 2011, 20 (6): 699-705.

[101] Shen X, Lu M, Fernando S. Automation system design and lab testing to facilitate tunnel boring machine guidance in construction of large-diameter drainage tunnels [C]//Construction Research Congress: Construction Challenges in a Flat World. ASCE, 2012: 110-120.

[102] Liang X, Lu M, Zhang J P. On-site visualization of building component erection enabled by integration of four-dimensional modeling and automated surveying [J]. Automation in Construction, 2011, 20 (3): 236-246.

[103] Song J, Haas C T, Caldas C H. Tracking the location of materials on construction job sites [J]. Journal of Construction Engineering and Management, 2006, 132 (9): 911-918.

[104] 郑太雄, 黄帅, 李永福, 等. 基于视觉的三维重建关键技术研究综述 [J]. 自动化学报, 2020, 46 (4): 631-652.

[105] Jelalian A V. Laser radar systems [C]//EASCON 1980: Electronics and Aerospace Systems Conference. New York: Institute of Electrical and Electronics Engineers, 1980: 546-554.

[106] Bechtold S, Höfle B. Helios: a multi-purpose LiDAR simulation framework for research, planning and training of laser scanning operations with airborne, ground-based mobile and stationary platforms [J]. ISPRS Annals of Photogrammetry, Remote Sensing and Spatial Information Sciences, 2016, 3: 161-168.

[107] Andriasyan M, Moyano J, Nieto-Julián J E, et al. From point cloud data to building information modelling: an automatic parametric workflow for heritage [J]. Remote Sensing, 2020, 12 (7): 22.

[108] Werner T, Schaffalitzky F, Zisserman A. Automated architecture reconstruction from close-range photogrammetry [C]//International Archives of Photogrammetry Remote Sensing and Spatial Information Sciences. 2002: 352-359.

[109] Lachat E, Macher H, Mittet M, et al. First experiences with kinect v2 sensor for close range 3D modelling [J]. The International Archives of Photogrammetry, Remote Sensing and Spatial Information Sciences, 2015, 40 (5): 93.

[110] Wasenmüller O, Stricker D. Comparison of kinect v1 and v2 depth images in terms of accuracy and precision [C]//Asian Conference on Computer Vision (ACCV 2016). Springer, 2016: 34-45.

[111] Li Y, Li W, Tang S, et al. Automatic indoor as-built building information models generation by using low-cost RGB-D sensors [J]. Sensors (Basel), 2020, 20 (1): 293.

[112] 张强. 基于双目视觉的三维测量及可视化技术研究 [D]. 长春: 长春工业大学, 2018.

[113] 冯焕飞. 三维重建中的相机标定方法研究 [D]. 重庆: 重庆交通大学, 2013.

[114] 李锦林. 基于图像的三维重建的研究 [D]. 呼和浩特: 内蒙古大学, 2018.

[115] Yang J, Shi Z K, Wu Z Y. Towards automatic generation of as-built BIM: 3D building facade modeling and material recognition from images [J]. International Journal of Automation and Computing, 2016, 13 (4): 338-349.

[116] Dai F, Rashidi A, Brilakis I, et al. Comparison of image-based and time-of-flight-based technologies for three-dimensional reconstruction of infrastructure [J]. Journal of Construction Engineering and Management, 2013, 139 (1): 929-939.

[117] 王源. 适用于智能视频监控系统的双目视觉三维重建技术研究 [D]. 天津: 天津理工大学, 2018.

[118] Hu X, Zhou Y, Vanhullebusch S, et al. Smart building demolition and waste management frame with image-to-BIM [J]. Journal of Building Engineering, 2022: 104058.

[119] Barrile V, Bernardo E, Bilotta G. An experimental HBIM processing: innovative tool for 3D model reconstruction of morpho-typological phases for the cultural heritage [J]. Remote Sensing, 2022, 14 (5): 14051288.

[120] Tang S, Li X, Zheng X, et al. BIM generation from 3D point clouds by combining 3D deep learning and improved morphological approach [J]. Automation in Construction, 2022, 141: 104422.

[121] Leung S W, Mak S, Lee B L P. Using a real-time integrated communication system to monitor the progress and quality of construction works [J]. Automation in Construction, 2008, 17 (6): 749-757.

[122] Ham Y, Han K K, Lin J J, et al. Visual monitoring of civil infrastructure systems via camera-equipped unmanned aerial vehicles (UAVs): a review of related works [J]. Visualization in Engineering, 2016, 4 (1): 1-8.

[123] Álvares J S, Costa D B. Literature review on visual construction progress monitoring using unmanned aerial vehicles [C]//26th Annual Conference of the International Group for Lean Construction. The International Group for Lean Construction, 2018: 669-680.

[124] 冯鸣, 杨明龙, 夏永华, 等. 三维激光扫描与倾斜摄影测量的高陡崖三维建模 [J]. 测绘科学, 2020, 45 (1): 99-107, 122.

[125] GitHub. LabelImg: A graphical image annotation tool [EB/OL]. https://github.com/tzutalin/labelImg. 2020-1-15.

[126] Girshick R, Donahue J, Darrell T, et al. Rich feature hierarchies for accurate object detection and semantic segmentation [C]//IEEE Conference on Computer Vision and Pattern Recognition (CVPR). IEEE Computer Society, 2014: 580-587.

[127] He K, Zhang X, Ren S, et al. Spatial pyramid pooling in deep convolutional networks for visual recognition [J]. IEEE Transactions on Pattern Analysis and Machine Intelligence, 2015, 37 (9): 1904-1916.

[128] Girshick R. Fast R-CNN [C]//IEEE International Conference on Computer Vision (ICCV). IEEE, 2015: 1440-1448.

[129] Ren S, He K, Girshick R, et al. Faster R-CNN: towards real-time object detection with region proposal networks [C]//Advances in Neural Information Processing Systems (NIPS). Morgan Kaufmann Publishers, 2015: 91-99.

[130] Dai J, Li Y, He K, et al. R-FCN: object detection via region-based fully convolutional networks [C]//Advances in Neural Information Processing Systems (NIPS). Morgan Kaufmann Publishers, 2016: 379-387.

[131] Redmon J, Divvala S, Girshick R, et al. You only look once: unified, real-time object detection [C]//IEEE Conference on Computer Vision and Pattern Recognition (CVPR). IEEE Computer Society, 2016: 779-788.

[132] Redmon J, Farhadi A. YOLOv3: an Incremental improvement [EB/OL]. http: //arxiv. org/pdf/1804. 02767. 2021-2-11.
[133] Redmon J, Farhadi A. YOLO9000: better, faster, stronger [C]//IEEE Conference on Computer Vision and Pattern Recognition (CVPR). IEEE Computer Society, 2017: 7263-7271.
[134] Liu W, Anguelov D, Erhan D, et al. SSD: single shot multibox detector [C]//14th European Conference on Computer Vision (ECCV). Springer, 2016: 21-37.
[135] Fu C Y, Liu W, Ranga A, et al. DSSD: Deconvolutional single shot detector [EB/OL]. https: //arxiv. org/abs/1701. 06659. 2020-1-1.
[136] Fang Q, Li H, Luo X, et al. A deep learning-based method for detecting non-certified work on construction sites [J]. Advanced Engineering Informatics, 2018, 35: 56-68.
[137] Almasi M. An investigation on deep learning applications for 3D reconstruction of human movements [J]. Invention Journal of Research Technology in Engineering & Management (IJRTEM), 2020, 4 (3): 1-8.
[138] Wu H, Zhao J. An intelligent vision-based approach for helmet identification for work safety [J]. Computers in Industry, 2018, 100: 267-277.
[139] Galantucci R A, Fatiguso F. Advanced damage detection techniques in historical buildings using digital photogrammetry and 3D surface anlysis [J]. Journal of Cultural Heritage, 2018, 36: 51-62.
[140] 李爱军．基于卷积神经网络和 NBV 的三维重建方法 [J]．电子测量技术, 2021, 44 (8): 70-75.
[141] Zhao C, Sun L, Stolkin R. A fully end-to-end deep learning approach for real-time simultaneous 3D reconstruction and material recognition [C]//18th International Conference on Advanced Robotics (ICAR). IEEE, 2017: 75-82.
[142] Landrieu L, Simonovsky M. Large-scale point cloud semantic segmentation with superpoint graphs [C]//IEEE Conference on Computer Vision and Pattern Recognition (CVPR). IEEE Computer Society, 2018: 4558-4567.
[143] Acharya D, Khoshelham K, Winter S. BIM-poseNet: indoor camera localisation using a 3D indoor model and deep learning from synthetic images [J]. ISPRS Journal of Photogrammetry and Remote Sensing, 2019, 150: 245-258.
[144] Han X F, Laga H, Bennamoun M. Image-based 3D object reconstruction: state of the art and trends in the deep learning era [J]. IEEE Transactions on Pattern Analysis and Machine Intelligence, 2019, 43: 1578-1604.
[145] 庞正雅, 周志峰, 王立端, 等．改进的点云数据三维重建算法 [J]．激光与光电子学进展, 2020, 57 (2): 199-205.
[146] Son H, Kim C. Integrated worker detection and tracking for the safe operation of construction machinery [J]. Automation in Construction, 2021, 126: 103670.
[147] Xiao B, Kang S C. Vision-based method integrating deep learning detection for tracking multiple construction machines [J]. Journal of Computing in Civil Engineering, 2021, 35 (2): 04020071.
[148] Zhu Z, Ren X, Chen Z. Integrated detection and tracking of workforce and equipment from construction jobsite videos [J]. Automation in Construction, 2017, 81: 161-171.
[149] Hou X, Zeng Y, Xue J. Detecting structural components of building engineering based on deep learning method [J]. Journal of Construction Engineering and Management, 2020, 146 (2): 04019097.
[150] Shen Z, Liu Z, Li J, et al. DSOD: learning deeply supervised object detectors from scratch [C]//IEEE International Conference on Computer Vision (ICCV). IEEE, 2017: 1937-1945.
[151] Szegedy C, Liu W, Jia Y, et al. Going deeper with convolutions [C]//IEEE Conference on Computer Vision and Pattern Recognition (CVPR). IEEE Computer Society, 2015: 1-9.

[152] Huang G, Liu Z, van der Maaten L, et al. Densely connected convolutional networks [C]//IEEE Conference on Computer Vision and Pattern Recognition (CVPR). IEEE Computer Society, 2017: 4700-4708.

[153] Tang P, Huber D, Akinci B, et al. Automatic reconstruction of as-built building information models from laser-scanned point clouds: a review of related techniques [J]. Automation in Construction, 2010, 19 (7): 829-843.

[154] Brilakis I, Fathi H, Rashidi A. Progressive 3D reconstruction of infrastructure with videogrammetry [J]. Automation in Construction, 2011, 20 (7): 884-895.

[155] 刘东生, 陈建林, 费点, 等. 基于深度相机的大场景三维重建 [J]. 光学精密工程, 2020, 28 (1): 234-243.

[156] Wang B, Wang Q, Cheng J C P, et al. Object verification based on deep learning point feature comparison for scan-to-BIM [J]. Automation in Construction, 2022, 142: 104515.

[157] Koch C, Paal S G, Rashidi A, et al. Achievements and challenges in machine vision-based inspection of large concrete structures [J]. Advances in Structural Engineering, 2014, 17 (3): 303-318.

[158] 董骁. BIM 技术在空间结构中的应用与开发 [D]. 上海: 上海交通大学, 2015.

[159] 何铭新, 李怀健. 土木工程制图 [M]. 武汉: 武汉理工大学出版社, 2015: 297-340.

[160] 施庆伟, 庞永师, 蒋雨含. 基于系统动力学和 BIM 的建筑施工安全风险预警决策模型仿真 [J]. 土木工程与管理学报, 2016, 33 (2): 83-89.

[161] 丁浩, 廖峻. 基于 BIM 技术的隧道工程信息平台设计与研究 [J]. 隧道建设, 2019, 39 (S2): 60-68.

[162] 中华人民共和国住房和城乡建设部. 关于加快新型建筑工业化发展的若干意见 [EB/OL]. https: //www. mohurd. gov. cn/gongkai/fdzdgknr/tzgg/202009/20200904_247084. html. 2021-2-17.

[163] Gao X S, Hou X R, Tang J, et al. Complete solution classification for the perspective-three-point problem [J]. IEEE Transactions on Pattern Analysis and Machine Intelligence, 2003, 25 (8): 930-943.

[164] Lepetit V, Moreno-Noguer F, Fua P. EPnP: An accurate O(n) solution to the PnP problem [J]. International Journal of Computer Vision, 2009, 81 (2): 155-166.

[165] Penate-Sanchez A, Andrade-Cetto J, Moreno-Noguer F. Exhaustive linearization for robust camera pose and focal length estimation [J]. IEEE Transactions on Pattern Analysis and Machine Intelligence, 2013, 35 (10): 2387-2400.

[166] 邵晓鹏, 刘飞, 李伟, 等. 计算成像技术及应用最新进展 [J]. 激光与光电子学进展, 2020, 57 (2): 11-55.

[167] Percoco G, Guerra M G, Sanchez Salmeron A J, et al. Experimental investigation on camera calibration for 3D photogrammetric scanning of micro-features for micrometric resolution [J]. The International Journal of Advanced Manufacturing Technology, 2017, 91 (9-12): 2935-2947.

[168] 胡松, 王道累. 摄像机标定方法的比较分析 [J]. 上海电力学院学报, 2018, 34 (4): 366-370.

[169] Seehidre. 相机标定原理与步骤 [EB/OL]. https: //blog. csdn. net/baidu_38172402/article/details/81949447. 2020-1-15.

[170] 杜炜, 李倩. 城市虚拟地理场景非定标三维重建算法仿真 [J]. 计算机仿真, 2021, 38 (3): 327-330, 424.

[171] Zhang Z. Flexible camera calibration by viewing a plane from unknown orientations [C]//IEEE International Conference on Computer Vision (ICCV). IEEE, 1999: 666-673.

[172] Lowe D G. Distinctive image features from scale-invariant keypoints [J]. International Journal of Computer Vision, 2004, 60 (2): 91-110.

[173] Denœux T. A k-nearest neighbor classification rule based on Dempster-Shafer theory [J]. IEEE Transactions on Systems Man and Cybernetics, 1995, 219 (5): 804-813.

[174] GitHub. Sfm-python [EB/OL]. https://github.com/adnappp/Sfm-python. 2020-1-15.

[175] Xue J, Hou X, Zeng Y. Rough registration of BIM element projection for construction progress tracking [J]. IEEE Access, 2022, 10: 8305-8316.

[176] Kim C Y, Lee J S, Roh H Y, et al. Application of 4D BIM simulations for safety and schedule integration of a reconstruction project for oxygen plant in steel works in Korea [C]//6th International Conference on Geotechnics, Civil Engineering and Structures (CIGOS). Springer, 2021: 1487-1494.

[177] Kim S, Kim S, Lee D E. Sustainable application of hybrid point cloud and BIM method for tracking construction progress [J]. Sustainability, 2020, 12 (10): 4106.

[178] Kim C, Son H, Kim C. Automated construction progress measurement using a 4D building information model and 3D data [J]. Automation in Construction, 2013, 31: 75-82.

[179] Behnam A, Wickramasinghe D C, Ghaffar M A A, et al. Automated progress monitoring system for linear infrastructure projects using satellite remote sensing [J]. Automation in Construction, 2016, 68: 114-127.

[180] Wang W C, Weng S W, Wang S H, et al. Integrating building information models with construction process simulations for project scheduling support [J]. Automation in Construction, 2014, 37: 68-80.

